不失敗！超慵懶

手掌園藝

榛原昭矢
Haibara Akiya

瑞昇文化

前言

許多讀者希望能在陽台收成蔬菜，一年四季都有花朵欣賞。有讀者認為「在屋內放置一盆觀葉植物應該也不錯」，也有讀者則消極地認為「養到最後一定會枯萎」。

只是一個簡單的澆水動作，對於初次栽種植物的讀者也可能感到相當困難。不澆水的話，植物當然會枯萎，但澆太多水，對植物也不好。請教熟悉園藝的人，會得到「觀察土壤的乾涸程度，充分澆水」的答案。但是對初入門的讀者而言，根本無法判斷什麼叫做「乾涸」，最後認為自己應該無法抓到正確的澆水時間點。我們常聽到「澆水３年功」的形容，使得讀者以為若不累積經驗，培養對植物的認識，就沒有辦法熟悉園藝。

此書是專門為了那群想栽種蔬菜、花朵或觀葉植物，又有所猶豫的讀者們所撰寫。我相當喜歡植物，至今已栽種過許多植物，在此將介紹「簡單！漂亮！不失敗！」的各種園藝項目。在ＰＡＲＴ１，將介紹盡可能不需要靠「直覺經驗」便能輕鬆入門的水耕栽培。水耕栽培只需每週施予一次含有肥料的培養液，水位下降時補充水分即可。完全不需擔心是否有經驗，透過制式的管理即可栽培，這意味著此栽培法可以降低失敗發生。

有些讀者的情況可能是「我知道何時要澆水，不過因為忘記澆水而導致植物枯萎」。若是這類型的讀者，在此推薦ＰＡＲＴ３玻璃容器的栽培法。密閉的玻璃容器盆栽換個說法就是全自動栽培裝置。透過內部水分的循環來滋潤植物，因此幾乎不需要澆水。選擇耐濕型植物，確保適切溫度及採光條件，即便長期出門，也不用擔心。

認為「播種好困難」的讀者，可以參閱ＰＡＲＴ１的蔬菜再生法，其中將介紹從超市買回來的蔬菜留根栽培法，像是青蔥或水芹皆可多次收成。試著將豆苗持續栽種的話，甚至能夠收成豌豆莢。要讓再生高麗菜漂亮地結球可能有難度，但從菜芯培育這個步驟開始，本身相當簡單，因此請務必挑戰看看。此外，ＰＡＲＴ２的部分有介紹許多植物從種子開始培育的方法，只要詳讀內容，相信就能抓到播種的訣竅。

本書介紹２００種以上植物的栽培法，多數都是栽種於小型陽台或屋內角落的植物。為了撰寫此書，我花費近一年的時間在陽台栽種番茄、甘藷、高麗菜等，進行芒果及荔枝的播種，看著牽牛花開花，在室內利用較小的容器，種植水草及苔蘚，以上都屬於小型植物。即便空間有限，還是能夠同時栽培數種植物。若有讀者煩惱著沒有地方栽種植物，書內集結著「眾多小型植物」，相信會對您有所幫助。迷你盆栽風的小盆栽、使用多肉植物的裝飾壁掛、照料方法於ＰＡＲＴ３有著詳細的介紹。

在培育植物的過程中能感受到的，是快樂地過著每一天。就寢前想著植物，起床後立刻看看植物會變得充滿期待。這樣的期待就在眼前，若在嘗試栽培之前就選擇放棄，那真的相當可惜。對於初次接觸植物栽培的讀者，或是栽培經驗資歷相當久的讀者，挑戰新的栽培法時所感受到的悸動都是相同的。我所介紹不同於一般方式的栽培法，對這兩種類型的讀者而言，必定皆能感受到其樂趣。請嘗試任一植物栽培，若能夠感受到植物為每日生活所帶來的些許樂趣，那將是比任何事情都讓人感到開心。

目次

PART 3 培育綠色植物

PART 4 享受花朵與果實

PART 5 栽培的基礎

本書的使用方法

書中簡單明瞭地記載針對所有植物所需的確切日照條件、過冬所能承受的最低溫度。針對播種方法每個章節所介紹的植物，都有記載著適合的播種時期。

例：**猢猻木** ——俗稱、園藝名等
Adansonia digitata ——學名（屬名 + 種小名）
落葉喬木——植物類型／日照——適切的日照條件／
5°C 左右——過冬所能承受的最低溫度／播種時期 6~7 月

◇俗稱：指植物的一般名稱或園藝通用名稱。
◇『』內的名稱為園藝品種名。
◇學名標示若為「屬名 +sp.」時，表示屬名為明確的原種名稱，但種小名不詳。
◇學名標示若為「屬名 +cv.」時，表示屬名雖為明確的園藝品種，但其園品種名不詳。此外，當屬名、種小名明確，但園藝品種名不詳或無記載必要時，將會省略之。
◇需日照：指可接收室外直射日光照射的環境。
明亮日陰處：指室外可接穿透樹葉陽光的環境。
◇耐寒性佳：表示能夠置於室外過冬。
◇各作業的合適期間、可否於室外過冬等判斷是依照日本本島關東地區平地之環境，所設定的栽培條件。

設計　岡睦、鄉田步美（mocha design）
插圖　善養寺 SUSUMU（ススム）
編輯　岡山泰史、田中幸子、香取建介、佐藤壯太

PART Ⅰ

與蔬菜同樂

想要體驗看看蔬菜栽培，但總覺得要規劃一個像樣的家庭菜園門檻好高，有著這樣想法的讀者，可以透過與蔬菜同樂的方式開始栽培。將煮完菜後所剩下的蔬菜菜芯，利用寶特瓶等隨手可得的材料，輕鬆的進入蔬菜種植的世界。雖然是以玩樂的心情開始種植，但仍是可以充分地享受收成的樂趣。

水耕洋蔥
Allium cepa
多年草／需日照／耐寒性佳

身邊隨手可得的植物、蔬菜

各位讀者是否還記得自己第一次栽種的植物？自己回想起來，也不知為什麼，第一次種植的植物是大豆。小學低年級的時候，將食用大豆放置於濕潤的脫脂棉上讓其發芽，這是第一次接觸培育植物的經驗。除此之外，還記得拿胡蘿蔔葉根部進行水耕栽培。看著過去視為食物的豆子及蔬菜發芽生長，感到非常有趣。

對植物的分類開始感到有興趣也是因為蔬菜的關係。在還不知道分類的情況下，只用外觀判斷，以為高麗菜跟萵苣是相同種類的蔬菜。但在讀了某本書之後才發現，高麗菜屬於十字花科、萵苣則是菊科蔬菜。我至今都還記得，在得知這兩種蔬菜的關係如此天差地遠時，被常識顛覆所帶來的震驚。大家聽來可能認為大驚小怪，但對我而言，卻是完全重組了原本所認識的世界。

以我來說，入門植物最早的對象為蔬菜及穀物。這說不定不是個人經驗，對於有些人而言，若要說最容易引起興趣的植物，大部分都還是會舉出蔬菜及穀物吧。雖然不是刻意挑選，透過烹飪或飲食行為，這些其實都是每天你我身邊隨手可得的植物。

近年來，越來越多人享受著家庭菜園生活，其首要目的當然是收成。但實際開始栽培後會發現，每天接觸植物這個行為本身也變成了目的之一。我們平常雖然都只注視著蔬菜的「最後的樣貌」，但透過自己栽培，從零到有、到最終長成的所有階段，都會讓讀者有意想不到的發現。

此章將介紹你我身邊隨手可得的蔬菜類植物。

本書的用意並非像是租借田地，目標收成大量作物。目的在於利用有限的空間，輕鬆經營小型菜園。請將此書視為體驗栽培樂趣的入門書籍。在此開始介紹，最終能確實享受收成樂趣的方法。

水耕芋頭

Colocasia esculenta

多年草／需日照／10˚C左右

夏季時，可作為消暑的觀葉欣賞植物

番茄的水耕栽培

陽台園藝固然好，但常常聽住公寓的讀者抱怨，處理使用過的泥土相當麻煩。情況會依各大樓管委會規範不同，可能會無法當作垃圾丟棄，為此困擾的大有人在。在此介紹解決這樣煩惱的水耕栽培（水耕栽培的詳細內容請參見72～73頁）。透過給予最低限度的必要條件，使用不需泥土的栽培法，就不會有後續丟棄的困擾。

培育植物絕對需要水、空氣、陽光，以及些許的肥料。空氣及陽光一到屋外即可充分取得。在此只要以人工方式澆水及肥料，即便沒有泥土也能栽培。

雖然不使用泥土，仍需要確實支撐植物主幹的材料。推薦以此目的存在的素材－發泡煉石。發泡煉石是水耕栽培用的介質，硬度佳、耐用性高，幾乎不會劣化，只要洗淨後以熱水殺菌即可重複使用。

培育方式很簡單，只要每週更換寶特瓶中的培養液。培養液是肥料溶解於水的液體，在沒到更換日之前，培養液若減少，只需以自來水補足。確保水位在應有的高度即可，不需要擔心像是土壤栽培時，澆水的時間點。

放置於不會被雨淋濕的位置，屋外陰涼處是最適合的地點。選擇盡量日照長的地方，有像日光浴室一樣、日照佳的地點，那麼栽培在室內應該也不錯。

水耕栽培能種植各式的蔬菜。首先，就來挑戰番茄吧！栽培番茄比想像中簡單，還能充分享受收成的喜悅。想不想將數個寶特瓶並排，讓陽台變成小小番茄園呢？

左圖是日本名為 Rejina 品種的番茄。相當受歡迎的種類，常常輕易能取得種子。整體高度僅約20公分，植物主幹生長夠紮實，無需使用支架。此品種體積雖不大，卻很會開花、能結出許多紅色的果實。

當然也可以選擇其他的品種，在所有果實較小的迷你番茄品種中，通常都會越長越高，若選種的品種長高時，建議將植物移至較大的容器，並增加支架給予支撐。利用身邊的工具，在栽培容器上花點心思如何呢？

成熟的番茄上桌，夏天就是不間斷採收新鮮番茄的季節。

使用寶特瓶水耕栽培番茄。下一頁會介紹詳細的方法

番茄

Lycopersicon esculentum

春播一年草／需日照／播種時期 3~4月

番茄的水耕栽培步驟

準備物品

500ml的空寶特瓶。建議可使用碳酸飲料、質地較厚的瓶子，瓶身為圓形，直徑約為67mm（若能夠符合濾茶器的口徑，也可選用其他尺寸的瓶子）

在此位置截斷寶特瓶，接著慢慢修剪，直到濾茶器能夠剛剛好放入寶特瓶身

水耕栽培用發泡煉石、小顆粒。可於園藝用品店購買

濾茶器。第11頁範例所使用的尺寸直徑為66mm。第13~14頁則是使用直徑53mm的濾茶器

番茄品種「Rejina」（レジナ）種子

＊此外，需準備水耕栽培用的液態肥料。在適合水耕栽培的產品中，「花寶（Hyponex）」是最常見的肥料

將種子放入洞中。

發泡棉切成約20 × 20 × 30mm大小。

發芽用海綿。由左至右為綠洲海綿（播種用）、石綿、發泡棉，可擇一使用。發泡棉可以利用切下靠墊、坐墊內的芯材做使用，其他則可以從園藝用品店等處購得

無論何者都能充分吸收水分。番茄的種子屬嫌光性，因此在發芽之前需放置於陰暗處。尚未定植前需讓海綿保持濕潤，建議可放在盤子等容器，讓海綿吸足水分儲水進行栽培

利用小刀等工具在發泡棉頂端中心處挖洞，將種子尖部朝下插入

從發芽到定植

將濾茶器裝入寶特瓶裡。

倒入如圖高度的培養液（將花寶與自來水以1:1000比例稀釋）

水位下降至此時，再補充自來水。每週1次倒掉所有的舊培養液，進行更新。譬如每週固定週日進行更換培養液，在到下週日前，僅需偶爾補充自來水即可

當開始發芽時，立刻移置可照射日光處。當芽苗夠堅挺時，將其定植到濾茶器中

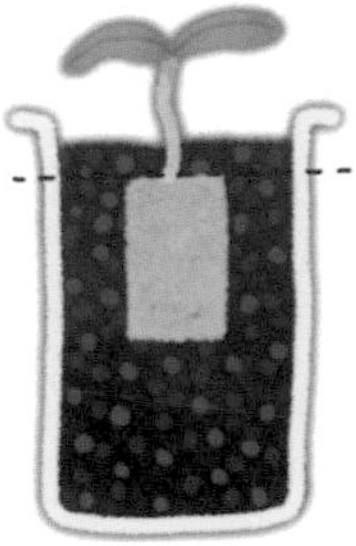

定植方法

將發泡棉整個埋入發泡煉石中

為避免生成藻類及些許抑制水溫上升，平常可以用不透光的墊子進行包覆

從開花到結果

收成紅色果實

番茄有著不用透過昆蟲傳遞也能輕易自行授粉的特性。若將開花的花穗用手搖晃，花粉掉落至雌蕊中，讓授粉會更加確實

溫度上升，或枝葉茂盛時，水量的減少速度會加快。需特別注意補充水分

在此處預留一個直徑約1cm的小洞，就可以不用拿起濾茶器，也能進行更換使用過的培養液。此洞原先是為了抑制住番茄根部，進行排水，但當根部開始生長之後，即便有些歪斜也不至於讓發泡煉石傾瀉出來

在水中生長的根部需特別注意。根部變長後，避免將其從濾茶器取出以防受損

可以直接利用附有濾茶器的茶杯或泡茶器作為栽培容器

葉菜類蔬菜的水耕栽培

除了番茄，有許多蔬菜及香草都可以透過水耕栽培。除了萵苣、芥菜、鴨兒芹以外，還有蕪菁、日本油菜、羅勒及薄荷等，讓我們一起嘗試吧！

左圖為蘿蔓萵苣。萵苣在高溫下不易發芽，因此若要在夏天時栽種，需進行以下處理。首先，將種子浸於水中24小時後，播種於吸飽水分的海綿上，將海綿以塑膠袋包覆，放入冰箱冷藏。開始發芽時再取出，其後的步驟與種植番茄相同。當開始結球時，葉株會不耐寒冷，因此通常會在降霜前收成

萵苣

Lactuca sativa

春、秋播一年草／需日照／0°C左右／播種時期 3月及8月左右

鴨兒芹

Cryptotaenia japonica

多年草／需日照／耐寒性佳

栽培方式與番茄相同。左圖紫葉品種，生食也相當美味，適合作為生菜沙拉配色點綴。每次摘取少量葉片使用。冬季時需將植物移置到培養液不會結冰的環境

芥菜

Brassica juncea

秋播一年草／需日照／耐寒性佳／播種時期 9月左右（3月左右亦可）

坊間都有販售水耕栽培的鴨兒芹，可利用留下來的根株使其再生。利用海綿薄片（或是烹調時取湯渣用的吸油紙）包捲根部，將其插入水耕栽培用的容器中。可以每次摘取少量使用

利用高麗菜芯再次收成高麗菜

不知各位是否曾經聽過，將高麗菜芯插入土裡就會開始生長，可以重新長成球狀高麗菜。

相信讀者也知道，若要培育高麗菜，一般會以播種或插苗方式培育。其實要從種子開始培育，並沒有想像中困難。不過，要播種、算種植間距、長大後又要移盆等等，諸多考量後，就不禁想打退堂鼓。購入菜苗雖然相較簡單，但想到菜苗的價格及栽培所花費的時間，就會說服自己，想吃的話還是乾脆直接去超市買比較快。

雖然插種高麗菜芯是異於常識的作法，但相較於採購種子或菜苗，確實能輕鬆開始。能將高麗菜芯培育成長，一定會令人感到開心。

想確認所言是否為真，實際試種結果請參考第

大小約45*45*75mm的高麗菜芯。插枝的祕訣為不浸入水中，而是插於土上，並放置於日照良好處

9月21日
將約3分之1的根部埋入培養土中。充分澆水，其後若土壤變得乾涸，再進行澆水作業

9月24日
充分日照，整體變為綠色。要讓菜芯發芽生長，日照扮演著相當重要的角色

16~19頁。種植方法相當簡單，將高麗菜芯直接插入內含肥料的「花與蔬菜用培養土」中，並馬上移至日照良好位置，接著澆水及施肥即可。

一般而言，在植物插枝時，會使用不含肥料的乾淨土壤。但種植高麗菜若使用含肥料的培養土，就能立刻發芽，插枝成功率近乎百分之百。只要避免插入水中或置於無日照處，基本上不會失敗。

我原先規劃「夏季施播、秋冬採收」，所以於9月開始栽培，這樣應該會和夏天播種的高麗菜生長速度差不多（但依結果來看，栽培的時間太晚了）。

3月左右開始長出小小的結球，但葉片數量不多，實在無法拍胸脯大聲炫耀「我種出高麗菜了」。沒有使用「夏播、秋冬採收」的高麗菜品種也許也是原因之一，但最大的敗因，可能是因為使用的盆栽尺寸過小。若8月中下就進行插枝，並使用較大尺寸盆器的話，相信就能夠結出漂亮的高麗菜球。

10月2日

開始展葉。雖然尚未開始發芽，透過菜芯周圍所剩餘的些許菜葉來吸收水分及養分而成長

10月15日

開始發根，菜葉逐漸開散。大約從此時起開始，每週施予一次以1：500比例稀釋的液態肥料（緩效性複合肥料亦可）

11月3日

增生了許多菜葉。在距離真正進入冬季還有一些時日，相信一定可以再長大不少（接續下頁）

11月17日
距開始插枝約經過2個月。成長的狀況讓人不敢相信是從菜芯開始培育。靠近根部處若有發現枯萎的菜葉，則需將其摘除

12月4日
時間上雖比較晚，但在盆栽裡的根部已經生長到無空間繼續長大，因此進行移盆作業

同12月4日
移盆到大一號的盆器中。這個時期的高麗菜如果是這樣大小的話，很可惜地，要結球應該是有困難

＊高麗菜培育到某一程度，且有經歷過冬天，就會開始長成花芽，到了春天，將不會確實結球而直接開花。若在小菜苗階段就經歷過冬，便不會有此現象。因此，一般都會在變冷之前讓其充分生長，並於冬季收成（夏播、秋冬採收）、或是先維持不受低溫影響的菜苗狀態，於春季時使其結球、採收（秋播、春收）。（除此之外，也有春播夏收的栽培法）

高麗菜

Brassica oleracea var. capitata

秋播一年草、或多年草／
需日照／耐寒性佳

隔年1月30日
因為寒冷緣所以使得菜葉染色，生長幾乎呈現停止狀態

3月16日
菜葉的寬幅達到約25cm。最終，中芯處沒能確實的形成結球。可以想見再過不久花穗將會開始生長

3月底時，果然沒能結球就開始生長花穗。目前4月，已經開始盛開黃色花朵

收成不中斷？青江菜

青江菜和高麗菜一樣，都能再生。方法只需將根部直接插入「花與蔬菜用培養土」，放置於日照良好處，澆水及施肥即可。青江菜的生長速度很快，和高麗菜相比，更能輕鬆地生長成形。

準備收成再生青江菜的同時，說不定會有「只要再插枝一次，不管再插枝幾次都能收成」的想法。如果真是這樣那只需去買青江菜，這樣就可以不斷重複插枝，收成永遠不中斷。

實際上，確實存在著像甘藷一樣，能不斷再生的蔬菜。甘藷會先長出芽，芽生長後會變藤蔓，將其插枝，

青江菜

Brassica rapa var. chinensis

春、秋播一年草／需日照／最低過冬溫度 -3°C左右

於紅線處切下根部

9月7日

將根部插入內含肥料的「花與蔬菜用培養土」中。根部埋入土中使其不搖晃，並施予大量水分

9月9日

雖然尚未發根，但中心部已開始生長新芽

9月20日

開始發根，新葉也開始茂盛地長出

長成甘藷後收成，隔年相同一塊甘藷又會再長芽…這樣不斷地反覆生長，可以長年持續進行栽培。

青江菜是否也跟甘藷一樣能夠收成不中斷？實際試驗的結果參見第20～22頁圖片。

第一次收成相當順利，因此再將其根部插枝栽培。第22頁最後一張圖片是目前的生長狀況。看來第二次收成應該也沒問題。這樣下去，感覺能夠進行第三、第四次收成，但實際上，依照自然條件的限制，無限收成當然是不可能的。

當氣溫下降時，青江菜就會長出花芽，春天一到就會開花。開花結果後就會枯萎，就此畫上終止符。

9月25日
將完全枯萎的葉柄依序摘除。此階段開始每週施予一次以1：500比例稀釋的液態肥料

10月4日
根部已無空間生長，因此進行移盆

10月4日
將整株青江菜連同土壤一起移至大一號的盆器中

11月1日
葉數增加，葉面面積變大，變得越來越像青江菜了

11月16日
進行收成。因為種植在小盆器中，因此尺寸雖然小一號，但仍是相當漂亮的青江菜，味道也相當可口

11月17日
將收成過後的青江菜根部插枝再次種植

12月18日
菜葉開始生長。由於天氣變冷緣故，生長有些微緩慢。 每週施予一次以1：500比例稀釋的液態肥料（緩效性複合肥料亦可）

隔年1月29日
又長成了漂亮的青江菜。開花前不知能否再次收成？

各種蔬菜的再生

讓蔬菜再生，看著飽滿的綠葉及平常不容易看到的花朵是非常愉快的經驗。在此介紹再生的蔬菜，同時也可以欣賞菜葉及花朵的再生方法。

許多人可能以為蔬菜不過就是食材，怎能拿來觀賞用。但其實蔬菜的菜葉及花朵有著意想不到的美，還能讓我們學習到有趣的事物。

以茼蒿花為例。茼蒿是原產於地中海沿岸地區的植物，在歐美被作為觀賞用植物來栽培*。將茼蒿拿來食用的，只有東亞、東南亞地區。其實煮火鍋用的茼蒿，只要插枝，也能長出像黃色瑪格麗特一樣的花朵。

*聽說最近歐美地區也開始將茼蒿改稱為 shungiku，並作為蔬菜使用。

胡蘿蔔

Daucus carota

一・二年草／需日照／耐寒性佳

胡蘿蔔的再生。相信有許多人都有讓胡蘿蔔再生的經驗。只要將葉根部浸於水中，葉子便會繼續生長。長出的葉子可用於料理中。根部雖然不會繼續長大，但若種植於土中，就能欣賞其花開的樣貌

洋蔥

Allium cepa

多年草／需日照／耐寒性佳

將洋蔥切開後，於秋季以水耕栽培使其再生。雖然切半後的兩塊洋蔥都長出了新芽，但依芽的位置、下刀方式不同，也可能只有單邊長出新芽的情況發生。

牛蒡的花朵也是令人饒富興味。牛蒡的英文名為burdock，是由bur（毛刺）+dock（羊蹄，或是長似羊蹄的雜草）兩個字元組成。各位應該無法想像平常吃的牛蒡其英文名的由來是這樣子吧！

不過，只要看過牛蒡所開出來的花朵，就會完全認同。牛蒡花（頭花）首根部的「總苞片」前端長得像針刺狀，結成果實後會沾附於動物的身體等媒介，帶至他處。其英文名應是為了形容它的總苞吧！

牛蒡的原產地為歐洲、中國東北部等地區，但在歐洲卻被視為雜草而非食用植物。聽說將牛蒡拿來食用的，全世界只有日本及朝鮮半島。

茼蒿

Glebionis coronaria

一年草／需日照／0˚C左右

將市售蔬菜的茼蒿插在水中使其發根，初夏時會開花。無需肥料。若3~4月種植，能於很短的時間內開花。種植在土壤中的話，還能採收種子

牛蒡

Arctium lappa

二年草／需日照／耐寒性佳

秋季時，將葉片根部埋入土中，隔年6~7月即可長出如圖片中的花朵。另外也可採收種子，9月左右播種的話，也有機會收成

小蔥（青蔥）

Allium fistulosum

多年草／需日照／耐寒性佳

日本超市販售的「小蔥」就是將「九條蔥」等葉蔥提早收成。將蔥根再次種植的話，又會重新生長，可再次收成。密植栽種的話，會長成細蔥。若分散栽種的話，將會長成一般較粗的葉蔥

西洋菜

Nasturtium officinale

多年草／需日照（避免直射盛夏的陽光）／耐寒性佳

只需插入水中即可開始發根生長。嗜水，種植於放有發泡煉石或砂礫等的網盆中，再將其浸於裝有水的容器裡進行栽培即可。施予液態肥料，夏天置於陰涼處

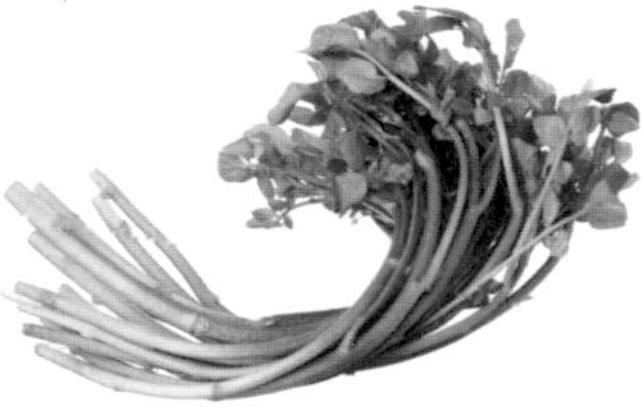

紅皮蘿蔔

Raphanus sativus

春、秋播一年草／需日照／耐寒性佳

櫻桃蘿蔔的水耕栽培，觀賞用。雖不侷限於蔬菜，但像這類插枝水中或藉由生長過的植物株開始生長的水耕栽培，種植重點為初期需減少葉片數量以抑制水分蒸發。進入冬天後，有機會看到開花

從豆苗到收成豌豆夾

在超市所販售的「豆苗」就是讓豌豆夾發芽的豆芽菜。跟蘿蔔嬰一樣，已是大家所熟悉的食材。

豆苗為中國的食材，原本是將正常種植豌豆夾的新芽部分集結而成。但不知是否因為收成非常費工，在日本並無原本的豆苗，而都僅有銷售像這樣的（如下圖）豆芽菜。

這樣的豆芽菜，並不只有收成一次就結束。把剩餘的部分再浸於水中，將會重新發芽，能夠進行第二次收成，非常划算。不過，到底為何能夠再次收成呢。

其他豆芽菜，如蘿蔔嬰就無法再次

10月26日
放入裝滿水的盤子中，並放置於日照良好處，開始栽培

11月3日
開始長出新葉。每週施予一次以1：1000比例稀釋的液態肥料取代澆水

11月12日　生長茂盛

於紅線處切取豆苗，上部拿來食用，下面部分則可透過水耕栽培再生

豌豆
Pisum sativum
秋播一年生／需日照／耐寒性佳

收成。蘿蔔嬰的話，我們所食用的是雙葉部分。雙葉部分充滿著植物所需的營養，若摘掉此部分，就無法繼續培育。再者，雙葉下方無法長出新芽，收成後就會枯萎。

但如果是豆芽菜的話，根部位置留有豆子，這就等同於一般植物的雙葉部分。豌豆的雙葉有著不會伸展於地面上，而是深入土壤中的特性。收成只是摘取雙葉的上半部，切掉雙葉上半部，還能夠繼續長出新芽，且不會有枯萎的情況發生。

另外，若將豆芽小心地分開種植於盆器中的話，到了春天將會開花結果，而能收成豌豆夾或青豆。

隔年3月左右，開始開花

11月18日

幾乎長成原本的狀態，因此進行採收。 留下其中幾支作為繼續栽培用，小心地將一支支分開，試著種植於盆器中

4月30日

收成了碗豆筴。若再稍後一段時間，就能夠採收青豆

甘藷

許多人可能都認為甘藷不會開花，但實際上若條件充足，甘藷可是會盛開花朵的。很難看到甘藷開花，是因為除了沖繩一部分的地區除外，其他地區都缺乏甘藷開花的必需條件。甘藷屬於「短日照植物」，也就是夜晚如果不夠長的話，花芽將無法長成。但是在大部分的地區，在花芽長成之前，甘藷就因為寒冷而枯死。當然在這之前會先收成，但留置於田裡的甘藷，仍是沒有機會看到開花。

如果想看到甘藷的花朵，去園藝用品店找找一種叫做「Ipomoea」、夏天銷售的有色綠葉盆栽，屬甘藷的園

牽牛花嫁接於甘藷方法

適當時期為6~8月。開始長出花苞時，摘取牽牛花的幼枝，即可在短期間內開花

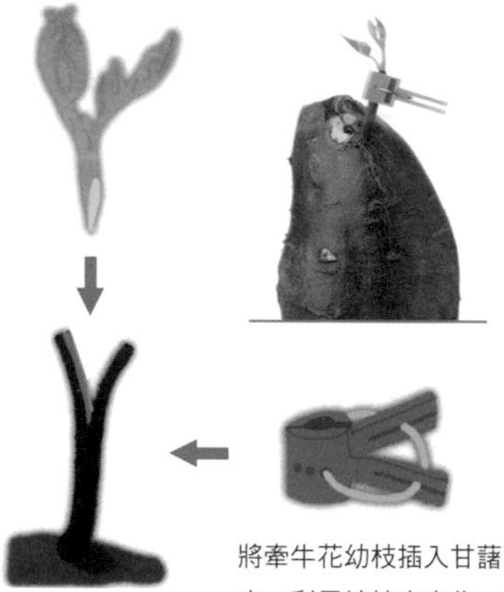

牽牛花幼枝。根部削成斜形

甘藷莖。縱向切開剖半

將牽牛花幼枝插入甘藷莖中，利用嫁接夾夾住。嫁接夾可購於大型園藝用品店。

嫁接後第18天。牽牛花開始開花

甘藷「Sweet Caroline Purple」

Ipomoea batatas 'Sweet Caroline Purple'

無論日夜長短都能長出花芽，夏季常開花

藝品種，以觀賞葉片為主。其中有些會像「Sweet Caroline Purple」一樣容易開花的種類，這些品種無關夜晚長短，只要是夏季都會開花。

從花朵的形狀就可以馬上聯想到，甘藷是牽牛花的好友，皆為旋花科植物，像右圖一樣將牽牛花嫁接於甘藷上，可以變成有趣的盆植。

將食用甘藷浸於水中，枝蔓就會繼續生長，也能作為簡易的觀葉植物。「觀賞目的大於食用目的」的人，建議可將枝蔓插於盆器中。一顆甘藷可以長出相當多的枝蔓，可切下幼枝插枝栽培。圖片為利用寶特瓶栽種的情況。將許多寶特瓶並排在陽台的話，相信秋天就可以享受收成的樂趣。

甘藷的水耕栽培。選擇較溫暖的地點，約從4月開始栽培

切下幼枝進行插種。5月左右為適合種植時期。將數節插種的話，很快就能夠發根

切開2公升容量寶特瓶的上端，底部挖洞作使用。用土為含肥料的培養土。插枝1個月後，開始每週施予一次以1：1000比例稀釋的液態肥料

插枝後約60天。甘藷開始變得肥大。平常將寶特瓶以鋁箔紙包覆避免根部照射到日光

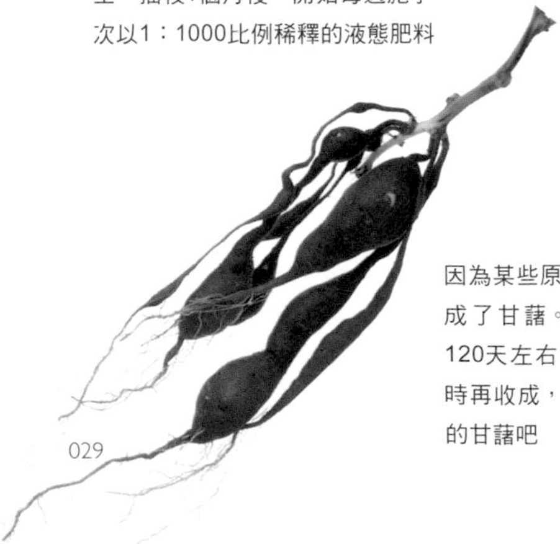

因為某些原因，第86天就收成了甘藷。一般都是大約120天左右收成，若等到那時再收成，應該可以有更大的甘藷吧

甘藷

Ipomoea batatas

多年草／需日照／10˚C左右

Column

不可思議的造型

此章集結了植物所呈現出來的奇妙美麗造型。不僅有為了適應生存環境而演化的形狀，也有人們刻意栽培作為裝飾品用的形狀。

碎形結構

花椰菜（寶塔花菜）

Brassica oleracea var. botrytis

秋播一年草或多年草／需日照／耐寒性佳

屬於花椰菜支系。整體的形狀及細部的形狀長得一模一樣，屬碎形結構的蔬菜。放大觀察部分細節，其形狀和整體形狀相同，再將部分細節更細的作觀察，仍是跟整體形狀結構相同

尖蕊秋海棠

Begonia x rex-cultorum

多年草／明亮日陰處／3°C左右

秋海棠的葉形屬左右非對稱形。漩渦狀葉形的園藝品種中，特別強調此特色

漩渦

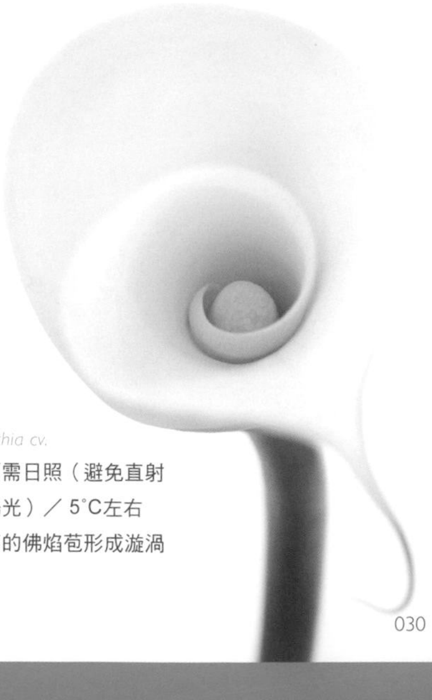

海芋

Zantedeschia cv.

多年草／需日照（避免直射盛夏的陽光）／5°C左右

捲附花序的佛焰苞形成漩渦形狀

菊花是五瓣花？

菊花

Chrysanthemum morifolium

菊花本體中，一個看似花朵的部分為小花的集合體，稱之為頭花。花瓣般的邊花、花蕊般的花芯，每一部分都是真正的花朵。圖中的菊花一瓣瓣的邊花都呈現五瓣花的形狀

帶化

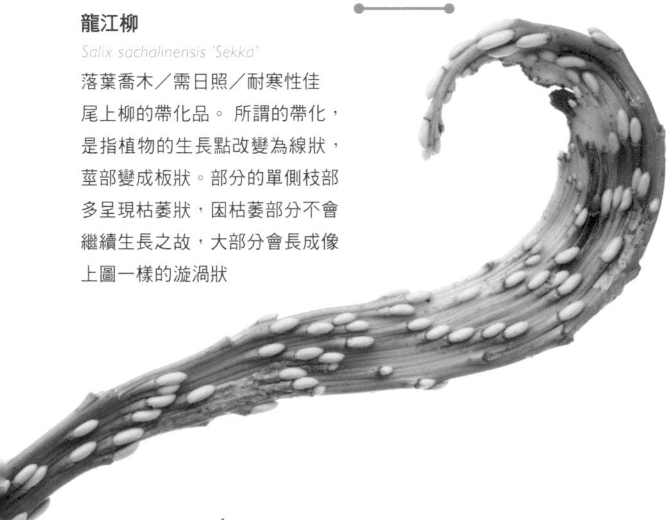

龍江柳

Salix sachalinensis 'Sekka'

落葉喬木／需日照／耐寒性佳

尾上柳的帶化品。 所謂的帶化，是指植物的生長點改變為線狀，莖部變成板狀。部分的單側枝部多呈現枯萎狀，因枯萎部分不會繼續生長之故，大部分會長成像上圖一樣的漩渦狀

非洲菊

Gerbera cv.

多年草／需日照（避免直射盛夏的陽光）／3°C左右

菊科是相當容易帶化的植物，即便是市售的非洲菊中，也有很高的機率找到像這樣帶化的菊花。不過，帶化只是短暫的現象

風車

藍眼菊

Osteospermum cv.

多年草／需日照／0°C左右

只有邊花的中間部分呈現管狀的園藝品種。其他很少有像藍眼菊一樣，只有邊花的中間部分而非整體呈現管狀的品種

捲曲

捲曲是因生長不均衡所造成。譬如只要單邊的莖或葉生長速度較快，較慢的那邊會變成中心軸，開始長成捲曲狀。此頁中，彈簧草為原生種外，其他皆是因為形狀特殊而培育為園藝品種

螺旋燈心草

Juncus decipiens 'Spiralis'

多年草／需日照／耐寒性佳

用於榻榻米表面的材質－藺草的園藝品種。莖像螺旋狀般地捲曲。屬於濕地植物，用土不可太過乾燥

萬年青（獅子葉品種）

Rohdea japonica

蕨類植物／明亮日陰處／3˚C左右

葉緣呈現波浪狀，有著螺旋捲曲形狀葉片的園藝品種

沿階草屬『Cassidy（Curly Lady）』

Ophiopogon caulescens'Cassidy (Curly Lady)'

多年草／明亮日陰處／5˚C左右

與沿階草同屬性的植物。葉片會一圈圈地捲曲，是相當好種植的趣味植物

鳥巢蕨園藝品種

Asplenium nidus

蕨類植物／明亮日陰處／3˚C左右

葉緣呈現波浪狀，有著螺旋捲曲形狀葉片的園藝品種

彈簧草

Albuca sp.

多年草／需日照／0˚C左右

原生種卻有著捲曲葉狀的植物。天然的捲曲葉面，理應對生存是有正面幫助，但實際上是否真的有效就不得而知

PART 2

播種看看吧

意想不到地我們的周圍存在著許多植物的種子。每天飯桌上都會出現的種子、用於擺飾或首飾的種子。大部分的種子只要播種的話，就會發芽成長。在園藝用品店買不到的植物種子，不妨去超市或雜貨小鋪購買後種植看看。

吉貝木棉幼芽

Ceiba pentandra

常綠喬木／需日照／10°C左右

什麼都播種看看吧

園藝用品店銷售許多種類的種子，嚴格來說都是一些相當一般的植物種子。是看不到其他不曾培育過的特殊種子。若想要取得一些奇奇怪怪的植物種子，建議可以前往和園藝沒什麼關係的超市找找看。譬如超市可見的黑色或綠色等顏色特殊的番茄、西洋梨、酪梨或芒果，這些園藝用品店內比較不常見的蔬菜水果種子，反而能夠輕易地在超市找到。

在自然界，好吃的果實對於種子的散布有著正面幫助。鳥類等動物食用果實後，在遙遠處將僅剩的種子排泄，種子落地結果後讓植物的分布更廣。果實為了避免在長成之前就被食用，尚未成熟的種子其顏色通常是不起眼的綠色。當種子成熟時，就會帶著讓人輕易發現的鮮豔顏色，還飄散著濃濃的果香。換句話說，成熟的顏色及氣味，就代表著種子已經充分長成且可播種的象徵。

正因如此，將美味的熟成水果種子進行播種的話，就能輕易地發芽。雖然說冷凍過的熱帶水果種子可能會有部分不易發芽，甚至某一部分無法發芽，但多數水果的種子都會努力地冒芽成長。只要人們給予些許的協助，想必能夠順利地長出新芽吧。

偶爾會擔心「從種子開始種植，真的能結出果實嗎？」，只要排除特殊情況，基本上都是會開花、結果。一般從種子開始種植的植物，會和母株有著不同的特性，無法保證會長出又大又好吃的果實，但並非就代表完全不能抱著期待。譬如F１品種的番茄種子，若播種的話，也有可能意外收成又大又甜的果實。或者部分的柑橘類或芒果有著「多胚性」的特性，播種的話，會是與母株相同的無性繁殖，也就代表著會長出一樣的果實。

當然也有不在乎果實的大小或味道，而是將其作為觀賞用植物栽培。有時作為庭園裡的造景樹，或是深具風格的小型盆栽，如果是從種子開始種育的話，說不定還會想跟別人炫耀一番呢！芒果或榴槤等熱帶果樹，其實也具有觀賞用植物的樂趣喔！

植物的種子，存在著讓人有源源不絕想像的東西。當手中握著種子，感覺彷彿握著無數生命般的錯覺。發芽生長、開花後又留下許多的種子、一顆顆的種子又再發芽……讓人覺得未來充滿著無限期待。但是如果不播種的話，什麼都不會發生，這裡所期待的未來當然就無法實現。本章將介紹蔬菜、稻穀、溫帶果樹、熱帶果樹、非食用的珍奇熱帶植物的播種方法。這裡許多的種子都是從超市、雜物小鋪等，和園藝用品沒有相關的商店所購得。要使其發芽雖然各自有其訣竅，但實際種植後沒有想像中的困難。這裡要再次的強調，萬事具備，種子就能夠發芽。

從蔬菜採取種子看看

草莓到底是水果、還是蔬菜呢？如果依既有概念判斷的話，一定會認為是水果，但依照日本農林水產省的見解，草莓被歸類於蔬菜（果實類蔬菜）。為了統計生產、出貨資訊，農林水產省需進行分類。數年內不需更替種植的作物定義為果樹；每年需更替種植的草莓，或被作為一年草來栽培的番茄，則定義為蔬菜。若依其方式作分類，那我們就姑且將草莓及番茄歸類為蔬菜吧。

要從市售的番茄等「蔬菜」取得種子，是可行的。將採下的種子用水洗淨後立刻播種，或使其乾燥放置等待播種時機。以水洗淨會造成發霉的果肉、及去除種子周圍會抑制發芽的物質。若覺得種子太小不好清洗，將種子包覆於廚房餐巾紙中搓揉。

像番茄這樣的一年草作物，可分為固定品種及F1品種兩個種類。所謂的固定品種，指的是生長出來的品種，和母株是相同性質的品種。有些固定品種為種苗登錄品，繁殖受到法規規範，需特別注意。

另一種則是F1品種，種子生長出來的幼苗性質不一，果實並非百分之百和母株相同。就算是草莓這種多年草植物情況也是一樣。這只是代表會生成許多特性不同的幼苗，並不代表這些幼苗的品質一定劣於母株。讓我們期待到底會收成怎麼樣的作物，試著輕鬆地挑戰看看吧！

番茄

Lycopersicon esculentum

春播一年草／需日照／播種時期 3~4月

中型番茄

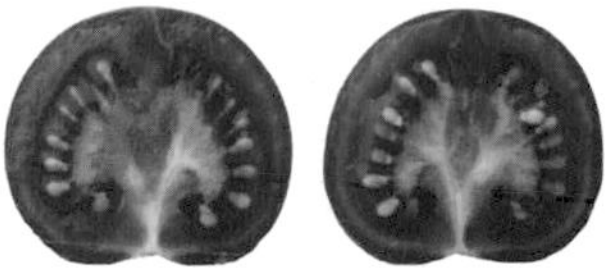

取出種子。清洗後，撒在播種用土上（第124頁），覆土約1cm

收成中型番茄。由於收成較慢、氣溫較不足夠，使得番茄顏色偏淡。因為經過低溫慢速熟成，反而長成了相當美味的番茄

播種後約30天。生長高度約為25cm，開始長出花芽

溫度適當時，過幾天即會發芽。開始發芽約一週後，每週施予一次液態肥料。長出2~3片大葉時，即可移盆至培養土栽種

草莓

Fragaria x ananassa

多年草／需日照／耐寒性佳／播種時期 4~5月

約20天後開始發芽。開始發芽約一週後，每週施予一次以1：1000比例稀釋的液態肥料。長出4~5片大葉時，可移盆至花與蔬菜用培養土。速度快的話，約1年即會開花

取出草莓種子（瘦果）。洗淨後撒在不含肥料成分的乾淨用土上，並蓋上一層薄土

施播穀物看看

食用穀物會被人體吸收，成為我們身體的一部分，播種於土壤的話，將會發芽成長。譬如將玄米予以播種，我們更能體會植物為了發芽成長、吸收營養的真實感。

鷹嘴豆

Cicer arietinum

秋播一年草／需日照／-9°C左右／播種時期　9~10月（或3~4月）

將可食用的鷹嘴豆浸水數小時後進行播種。用土則選用混合有3成左右腐葉土的赤玉土。覆土約1cm左右。屬長日性植物

稻

Oryza sativa

春播一年草／需日照／播種時期 5月左右

將可食用的玄米撒於播種用土上，覆土約5mm。發芽1週後施予以1：1000比例稀釋的液態肥料。長出3~4枚葉片後進行定植，並施予大量水分。定植可選用赤玉土及黑土參半的用土。利用直徑約9cm的杯子儲水種植後，長出了紮實的稻穀

藜麥

Chenopodium quinoa

春播一年草／需日照／播種時期 5月左右

與藜同屬性的南美洲產穀物。將可食用的藜麥撒於花與蔬菜用培養土，覆土蓋住種子。數小時候即會開始發芽

莧米

Amaranthus sp.

春播一年草／需日照／播種時期 5月左右

莧米有數個品種被作為穀物栽種。可食用的莧米則被作為種子使用。撒於花與蔬菜用培養土上，覆土蓋住種子。短時間內就會開始發芽

溫帶果樹的播種

本章將介紹蘋果及柿子等溫帶水果的播種方法。播種成功的關鍵，在於濕潤的狀態下讓種子體驗寒冷。在自然界，鳥兒等動物會在秋季叼食著熟成的果實，將種子排泄在遠處。這種子通常會立刻發芽，這都是因為具備了體驗寒冷、在氣候變暖之際，初次發芽的關鍵機制。

讓我們再現這個自然機制看看。果物的種子包覆著會抑制發芽的物質。在自然界，這個物質可以透過鳥類的消化系統除去，在我們自行栽培的情況時，則需以水清洗去除。

之後，馬上撒於播種用土，置於室外，搭配寒冷條件持續澆水，春天時即會發芽。也可將種子包覆於沾濕的廚房餐巾紙內，再裝入塑膠袋放置於冰箱冷藏保存，於春天時播種。無論何者，在發芽2~3週後，均需施予緩效性複合肥料。

蘋果

Malus pumila

落葉喬木／需日照／耐寒性佳／播種時期 9~11月、3月

基本的播種方法如先前的說明。蘋果的病蟲害較多，在種植上可能會稍稍有難度。此外，實生的蘋果有著與母株果樹相異的特性

栗子

Castanea crenata

落葉喬木／需日照／耐寒性佳／播種時期 9~11月、3月

讓秋天盛產的可食用栗子發芽看看。最簡單的方法是購買栗子後，盡可能即早播種，將盆栽置於室外，別忘了澆水。或者也可以選擇將種子裝在塑膠袋中保存於冰箱冷藏，待春天來臨時播種

一般會將栗子的果實整顆掩埋入土中，但若想要詳細觀察發芽情況的話，也可仿照圖中，將果實尖處朝下，約一半埋入土中。使用播種用土

4月下旬，為了觀察發芽狀況，將栗子挖出來看看。觀察後得知，根及芽都從果實尖端處生長出來。發芽2~3週後，施予緩效性複合肥料

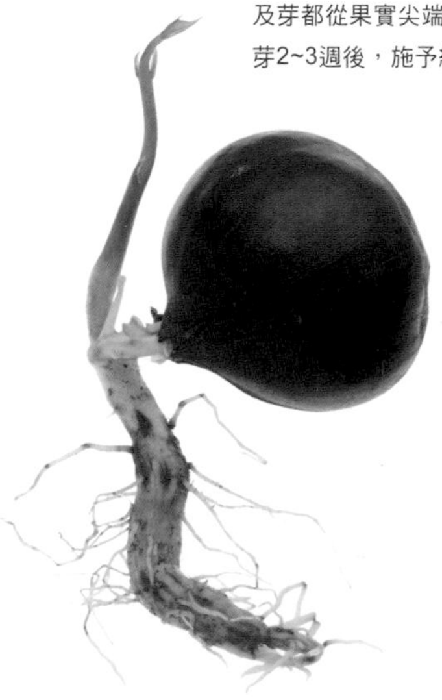

10月上旬的狀態。日文有句「桃栗三年」的諺語，但實際上要等到開花結果可能需要更多時間。此外，栗子有著與母株果樹相異的特性

柿子

Diospyros kaki

落葉喬木／需日照／耐寒性佳／播種時期 9~11月、3月

基本的播種方法如先前（參見第39頁）的說明。可惜的是，實生的柿子長成澀味柿子的機率相當高。建議可以去澀或曬成乾柿食用，或做為嫁接木台用

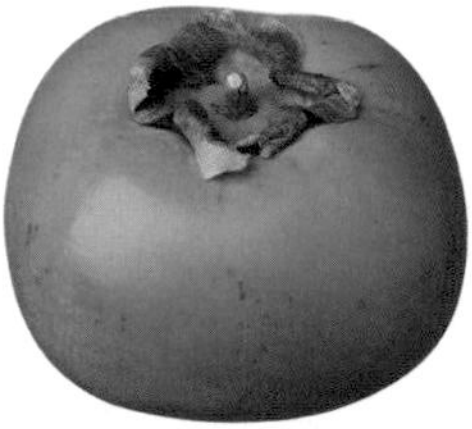

枇杷

Eriobotrya japonica

常綠喬木／需日照／-3˚C左右／播種時期 5~6月

撒於播種用土，覆土約1cm。約1個月後開始發芽。發芽2~3週後，施予肥料。令人意外的，枇杷樹還蠻能結出美味的果實

西洋梨

Pyrus communis

落葉喬木／需日照／耐寒性佳／播種時期 9~11月、3月

基本的播種方法如先前（參見第39頁）的說明。西洋梨雖較不喜愛夏天高溫潮濕的環境，但也能在寒冷地區以外的區域種植。大多數的西洋梨不會自行授粉，因此需特別留意

熱帶果樹的播種

熱帶水果的種子無需在冬天就準備，大部分只要一播種就會開始發芽。多數熱帶果樹的壽命都不長，因此基本步驟就是採取種子後，立即播種。

熱帶果樹幾乎都是進口品。為了預防害蟲，雖然會經過高溫水蒸氣的燻蒸處理，但大部分的種子仍保有發芽能力。

芒果

芒果與人的關係久遠，據說4000年以前，印度就開始種植芒果。日本也處處可見超市售有進口芒果或是國產的成熟芒果。

芒果有500種以上的栽培品種，大致區分為印度品種、東南亞品種2

用剪刀沿著紅線處剪下，掰開外殼取出種子。

被硬殼包覆的種子

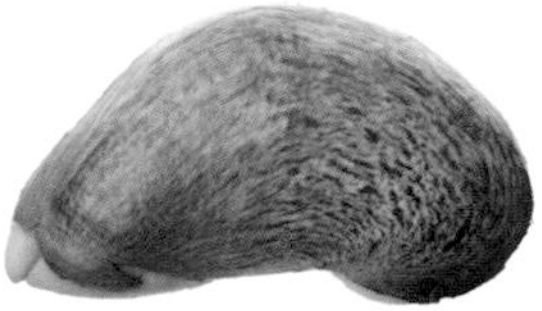

取出的種子。撒於播種用土。約過1週即開始發芽

芒果
Mangifera indica
常綠喬木／需日照／3°C左右／播種時期 6~8月

墨西哥產的芒果（單胚性品種）

大系統。印度種的果皮多數帶紅、東南亞種的則較多偏綠~黃色的品種。

大多數印度種的芒果一顆種子只會長出一枝芽（單胚性）。另一方面，多數東南亞種的芒果，一顆種子能夠長出多枝芽（多胚性）。其多枝芽的其中一枝雖是透過授精所長成，但其他都是母株的無性繁殖。在日本常見的愛文，屬於單胚性，金煌則屬於多胚性品種。

利用多胚性的種子進行無性繁殖的話，應該是能夠培育出和母株相同的品種吧！祕訣是非無性繁殖的幼芽較弱容易枯萎，摘除枯萎幼芽，比較有機會無性繁殖。從種子開始培育，7~8年會到達開花年齡。

播種後15天。發芽2~3週後均需施予緩效性複合肥料。新葉為巧克力色，像是墨鏡一樣為了保護日照的保護色，過一段時間後，會變化成綠色

發芽後，移至日照良好處。當初為了觀察發芽的狀況，僅將種子的一部分埋入土中。一般是需將整個種子覆上一層薄土

海棗

金氏世界紀錄中，紀錄著許多有趣的「世界第一」。其中，被認定為「從最古老的種子中發芽」的植物，是約莫從2000年前的種子所發芽而生，也就是現在海棗的同類。這個種子是從以色列的遺跡中挖掘發現，透過放射性定年法算出年代。

然而，日本的大賀蓮也推估從約2000年前的種子孕育而生。亦是透過放射性定年法的計算，因此年份僅止於推測。

現在的海棗也屬於高生命力植物。只要從果乾椰棗（果實）取出種子，便能輕易地發芽。

海棗
Phoenix dactylifera
常綠喬木／需日照／-7˚C左右／播種時期 6~8月

40~60天過後，開始發芽。發芽後立刻移至日照良好處。發芽2~3週後，開始施予緩效性複合肥料。由於椰棗為雌雄異株，因此需雌雄兩株才可結出果實

使用阿曼產的椰棗（作為食品販售的果乾）

果實中內含一顆大種子。將其水洗後，撒於播種用土。覆土約1~2cm。發芽需要一段時間，需特別注意水分補充

榴槤

熱帶水果之王─榴槤的果樹可高達30公尺。果實的長邊直徑為15~30公分，一般重量落在2公斤左右，果實表皮包覆著硬質尖刺。平常食用的部分，是包覆著種子，呈現軟嫩狀的「假種皮」果肉。據說除了大象等草食性動物，就連肉食性的老虎也非常喜愛食用。

屬名Durio是源自於尖刺（duri）的馬來西亞文「duryon」字彙。種小名zibethinus則是「麝香貓的」意思。意味著味道強烈，吸引麝香貓採食的植物。另還有一種由來的說法為在捕捉麝香貓之際，將榴槤做為誘餌。

榴槤

Durio zibethinus

常綠喬木／需日照／最低過冬溫度 10°C左右／播種時期6~8月

偶爾可在超市發現有販售。一提到榴槤，其濃厚的臭味最眾所皆知，但也有味道較淡的「金枕頭」品種

播種2個月後的狀態。葉背呈現銀綠色，可作為觀葉植物欣賞

將種子水洗後，立刻撒於播種用土。覆土約1cm厚。圖片為播種後20天左右的狀態。脫離種子本體後發芽。發芽2~3週後，開始施予緩效性複合肥料

酪梨

若種植地區為幾乎不降霜的區域，也能夠進行露地栽培。酪梨的生長速度快，即便是實生品種，大約5年就會開始開花。因雄蕊及雌蕊的成熟時間點不同，要同株結果較為困難。需要具備多株開花品種的母株，但實際上要利用實生栽培的酪梨收成果實也是相當困難，因此，與其目標採收，不如將其作為觀葉植物欣賞。

酪梨

Persea americana

常綠喬木／需日照／-2°C左右

／播種時期 6~8月

種子享受一段時間的水耕栽培後，最晚需在9月之前將其移盆至培養土（赤玉土與腐葉土比例為7:3）

市售的酪梨多為墨西哥產的「哈斯（Hass）」品種。圖片中之酪梨即為此品種

進行水耕栽培時，將種子置於水耕栽培專用容器，尖部朝上。水位約置種子的半身處。偶爾需要換水。若是進行土壤栽培，則將種子埋入土中，僅需留約1cm露出土面

利用洗碗精將種子上的油分洗淨後，即刻播種

火龍果

火龍果為仙人掌的果實。雖然品種相當多，但超市常見的主要是白蓮閣的果實。由於果肉為白色，所以也被稱為白龍果。

白蓮閣為沿著樹木等攀附生長的仙人掌。火龍果之名的由來，是因為長莖讓人看似龍一樣。果實則像西洋龍噴火狀。花朵為白色、夜晚開花，有些許類似月下美人的花朵。

火龍果的種子只要播種就會發芽。因仙人掌屬於雙子葉植物，因此發芽時，可以觀察到會由雙葉開始。而從雙葉之間所長出的，也會是小小顆的仙人掌。

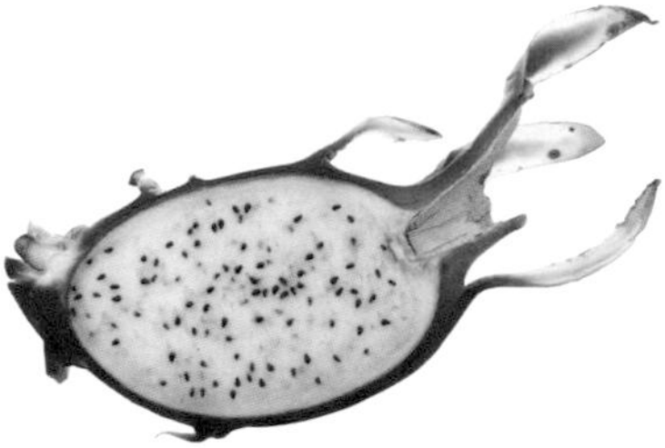

洗淨種子後，撒於播種用土。覆上一層薄土讓種子若隱若現。於盆栽底盤注入水分，使其從下方開始吸水

市面上經常看到的是如圖片中的白色果肉火龍果（白蓮閣果實）。和紅色果肉火龍果為同一屬性之不同品種

火龍果

Hylocereus undatus

仙人掌／需日照（避免直射盛夏的陽光）~明亮日陰處／最低過冬溫度 3°C左右／播種時期 6~8月

＊從種子開始培育的火龍果有可能會是雜交品種

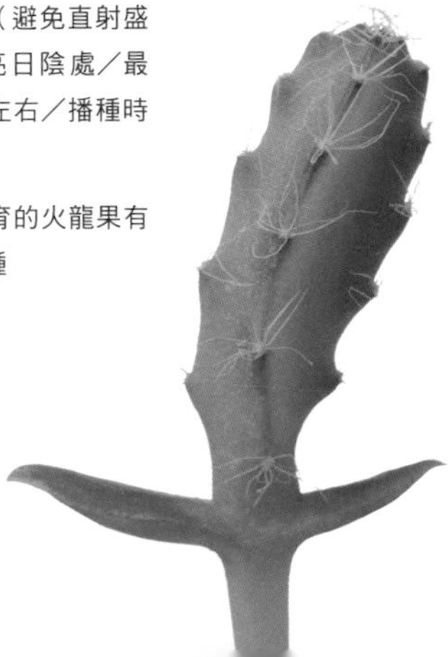

速度快的話，數天後就會開始發芽。發芽1~2週後，施予以2000比例稀釋的液態肥，當生長大到現有盆器無空間時，需進行移盆

其他熱帶果樹

百香果（時計果）

Passiflora edulis

常綠蔓性多年草／需日照／-2°C左右／播種時期 6~8月

將包覆於種子表面的果凍狀物質充分洗淨，撒於播種用土。發芽約需1個月時間。發芽2~3週後，開始施予緩效性複合肥料。建議可適時提供支架供生長輔助。1~2年即會開花、結果

木瓜

Carica papaya

常綠喬木／需日照／5°C左右／播種時期 6~8月

將包覆於種子表面的果凍狀物質充分洗淨，撒於播種用土。發芽約需1週時間。發芽2~3週後，開始施予緩效性複合肥料。速度快的話，1~2年即可開花。分有雄株、雌株、兩性株3種樹型，若目標要能採收，建議栽培1種以上樹型以提高收成機率

楊桃（五歛子）

Averrhoa carambola

常綠喬木／需日照／-5°C左右
／播種時期 6~8月

將種子清洗後，撒於播種用土。發芽約需1個月時間。發芽2~3週後，開始施予緩效性複合肥料。速度快的話，4~5年即可開花、結果

荔枝

Litchi chinensis

常綠喬木／需日照~明亮日陰處
／0°C左右／播種時期 5~8月

種子清洗後，立刻撒於播種用土。發芽約需1週時間。發芽2~3週後，開始施予緩效性複合肥料。移盆時將根缽一同搬移。開花、結果約需10年左右的時間

熱帶植物的播種

園藝用品店雖然售有許多種類的觀葉植物，但其中多數是從一個「母株」所衍生的無性繁殖。所謂的母株是指觀賞價值高的原種，或由原種所生的帶斑變異種，將其插條、株分能較快地取得大型株、或能夠維持帶斑特徵，比實生苗更能多數繁衍。

仍是有存在著少數，能透過種子多數繁衍的觀葉植物。譬如發財樹，那如酒壺般胖胖的軀幹為一大特色，但會長成這種形狀的，只有由種子培育的樹苗而已。雖然市面上也可以看到插枝苗，但多數市售的發財樹都屬於實生苗。

綠元寶（澳洲栗）、海檬果、椰子等從種子或果實冒出新芽的樣子也相當有趣，市面有販售即將發芽的樹苗。在雜貨小鋪常會陳列著咖啡樹及月橘（七里香）、光蠟樹等，在一個盆栽中灑滿種子後發芽的

海檬果（自殺樹）

Cerbera odollam

常綠喬木／需日照／10˚C左右／播種時期 6~8月

像大顆種子一樣的部分為果實。果實會浮於水面，順著海流漂流至遠處。有毒植物

市面上有這樣大小的咖啡樹實生苗作為迷你觀葉用植物銷售

咖啡樹（阿拉比卡豆種）

Coffea arabica

常綠喬木／需日照（避免直射盛夏的陽光）／10˚C左右／播種時期 6~8月

咖啡樹發芽。種子壽命短暫，即便播種飲用的生豆，也幾乎不會發芽。若是乾帶殼的新鮮生豆或是從咖啡果所取出的種子，則可以發芽

植物盆栽。

本章將介紹觀賞用熱帶植物的播種。播種的難易度依物種而異。有像吉貝木棉一樣，什麼都不用做，在高溫季節播種的話，就可以輕易發芽，當然也有種植困難度較高的物種。

好比說咖啡樹的種子壽命相當短暫，從紅透的咖啡果（整顆果實）取出後，就必需立刻播種。

鴨腱藤的種子包覆著又硬又厚的外皮，卻也因此能夠承受長時間的「航海」。猢猻木的種子也是有著厚厚的殼包覆，想必是為了藉由動物食用的契機，得以繁衍開來吧！這是為了能過通過動物腸胃、而不被消化掉的「武裝」。這樣的種子需要想想該用什麼方法來幫助它發芽。

也有些種子是幾乎無相關資訊，根本不知該如何使其發芽。這種情況，就試著描繪植物自然生長的模樣，進行各種推測，多方嘗試，何嘗不是栽培過程中的另一種樂趣。

寵物用品店有銷售如圖片般的果實作為小動物用的玩具。中間塞著包覆著纖維的種子，將其播種，約1週即可發芽。2個月即可長成左邊圖片的大小

吉貝木棉

Ceiba pentandra

常綠喬木／需日照／10˚C左右／播種時期 6~8月

澳洲栗

Castanospermum australe

常綠喬木／需日照／3˚C左右／播種時期 6~8月

市面多為如圖中剛發芽的樹苗。也可購得種子

鴨腱藤

鴨腱藤是能夠生長成相當大型的蔓性植物。雖屬蔓性，但並非如牽牛花一樣的草，而是屬於樹木，樹幹最大直徑可達30公分左右。廣泛分布於熱帶、亞熱帶地區，日本屋久島以南的海岸附近也可看到野生的鴨腱藤。

鴨腱藤的主要特徵為最大可達120公分的巨大木質豆莢以及豆莢內直徑約5公分大的豆子。豆莢及豆子常被用作擺飾或民族風裝飾，相信大家應該也有看過。

鴨腱藤豆被堅硬的外殼包覆，因此幾乎無法吸收水分。此外內部存在空洞含有空氣，所以大多會浮在水面。

於此處用錐子鑿洞。慢慢鑿洞增加深度，當看到白色部分時，即可停止

*同第54頁的猢猻木，可以將豆子浸於熱水中取代鑿洞，也能夠使其開始吸收水分

圖片中的豆子直徑約5cm。包覆著非常堅硬的外殼，因此幾乎無法吸收水分

鴨腱藤

Entada sp.

常綠蔓性木本植物／需日照／10°C左右／播種時期 6~8月

試著利用擺飾、串珠用的鴨腱藤豆來發芽看看吧

浸水後第11天。因整個豆子膨脹，將其放入播種用土上。將鑿洞處些許埋入土中

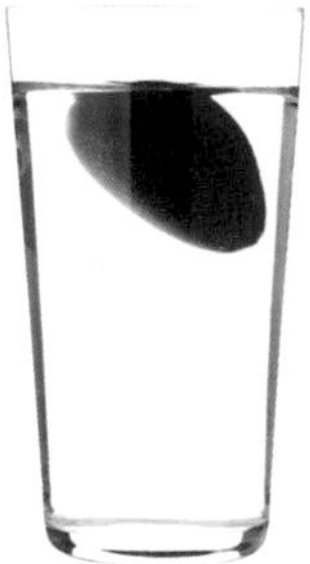

將鑿洞後的豆子浸於水中。浮起或下沉皆可。讓整體吸飽水分，浸個10天左右也沒關係

木質豆莢。這算是體積偏小的豆莢，長度約30cm。其中含有豆子

也因此掉落海裡的豆子會隨著海流開始航程。在挪威的海岸發現鴨腱藤屬的植物豆子被打上岸，這可是遠從中南美洲漂流旅行而來的。

在日本本州的海岸也曾經發現過。鴨腱藤的日文漢字為「藻玉」。古代人認為從海裡來的豆子是海藻的豆子，因此得名的吧！

鴨腱藤豆抵海岸邊時被波浪及海砂沖刷，造成外殼受損，結束長時間的航程後，豆子吸飽水分便開始發芽。鴨腱藤及同屬性植物能在熱帶、亞熱帶廣泛分布可能也是因為有著航海能力所賜。由於在寒冷地區無法生長，漂流到挪威可能是「預料之外」，若是適合生長的土地，就會落根作為據點，再次把豆子送往下個旅程。

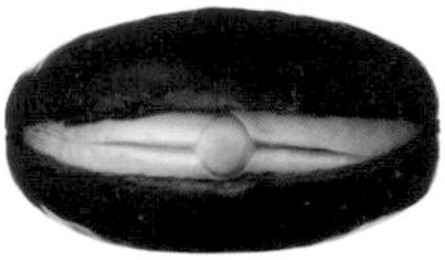

播種後第9天。外殼漂亮地裂開，根部開始長出。（為了拍攝而把豆子挖起，實際上需嚴禁此行為）

播種後第34天。豆子的外殼看似阻礙了芽的生長，因此將其剝除

此部分為羽狀複葉。最終小葉會長大，變成明顯複葉狀

播種後第42天。羽狀複葉的前端呈現捲曲狀，尋找著攀附物進行攀爬運動

羽狀複葉運動。將每3分鐘拍攝的圖片合成。從葉片前端來看，進行著順時針的攀爬運動

猢猻木

猢猻木（非洲猢猻木）的原產地為非洲大陸。原生自撒哈拉以南的稀樹大草原等地。從粗大的樹幹中長出如章魚觸鬚般的樹枝模樣相當奇特，彷彿巨大的盆栽。

猢猻木的果實最長可達40公分，其中有著被果肉包覆的種子。被動物食用後，種子被帶到遠處消化排泄出來，因此能廣泛分布。

被足以承受動物消化的硬殼包覆著的種子，很難直接發芽。我曾嘗試如如削殼等其他方法，其中以澆熱水的方式發芽率最佳，也不會造成雙葉受損，能夠漂亮地發芽。

猢猻木
Adansonia digitata
落葉喬木／需日照／5˚C左右／播種時期 6~7月

可透過郵購等方式購得猢猻木種子。將種子放入耐熱容器中，倒入沸騰熱水

讓熱水自然冷卻，浸漬約12小時。種子在吸水後會膨脹

取出種子，撒於播種用土。覆土約1cm。速度快的話，最遲幾週就會開始發芽

本葉開始成長時，施予緩效性複合肥料

於夏季充分生長。進入冬季時，不需澆水，讓其處於冬眠狀態過冬（最低氣溫保持在20˚C以上，需持續澆水）

Column

這像什麼呢？

食蟲植物跟肉食動物一樣，在捕獲獵物後就不會讓牠逃走。兩者如此類似是必然的嗎？另外三色堇或堇菜花，長的像人臉也是偶然嗎？人們即便看著花，腦中的「臉部辨識系統」可能也會開始運作。在此收集了看似人類或動物的多種植物。

吊鐘花

Fuchsia x hybrida

常綠灌木／需日照（避免直射盛夏的陽光）／5°C左右

如女性跳舞般的吊鐘花。屬於不耐熱的植物，因此夏天需放置於通風良好的明亮日陰處

鬼胡桃

Juglans mandshurica var. sachalinensis

落葉喬木／需日照／耐寒性佳

在葉片掉落後，會呈現像綿羊或猴子的臉型

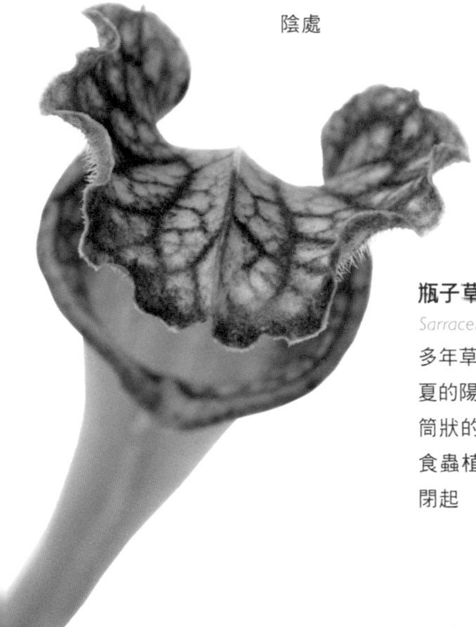

瓶子草

Sarracenia cv.

多年草／需日照（避免直射盛夏的陽光）／3°C左右

筒狀的葉片能用來捕捉昆蟲的食蟲植物。「嘴巴」常開，不會閉起

捕蠅草

Dionaea muscipula

多年草／需日照（避免直射盛夏的陽光）／3°C左右

捕蠅草也屬於食蟲植物。長像細牙的刺毛在碰觸到異物時，就會迅速地關閉葉片捕食昆蟲

金魚草

Antirrhinum braun-blanquetii

多年草／需日照（避免直射盛夏的陽光）／耐寒性佳
圖為同屬金魚草的果實。種子布滿著小洞，看起來像是骨骸

常春藤『Mariposa』

Hedera helix 'Mariposa'

常綠蔓性木本植物／需日照（避免直射盛夏的陽光）~明亮日陰處／耐寒性佳
有著像蝴蝶形狀葉片的稀有常春藤。Mariposa是西班牙語，意指蝴蝶

三色堇（上）及堇菜（下）

Viola x wittrockiana

秋播一年草／需日照／耐寒性佳
在三色堇傳進日本之際，也被稱為「人臉花」。暗色花紋是指示昆蟲這邊有花蜜的蜜標。此外，堇草是比三色堇小型的另一群體

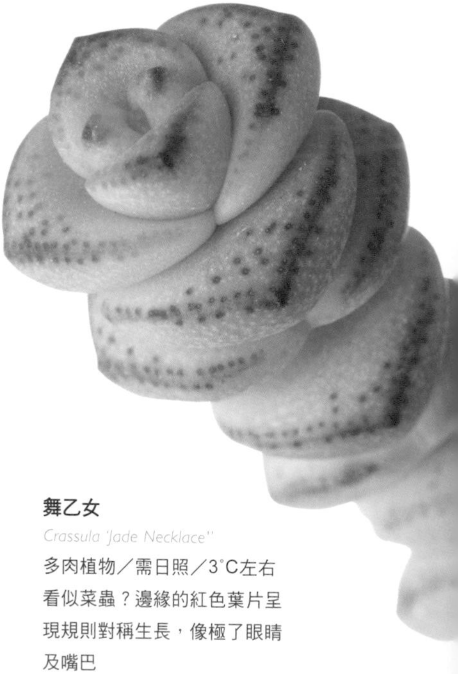

舞乙女

Crassula 'Jade Necklace''

多肉植物／需日照／3°C左右
看似菜蟲？邊緣的紅色葉片呈現規則對稱生長，像極了眼睛及嘴巴

PART 3

培育綠色植物

我們除了仰賴食用植物及其所釋放出的氧氣，植物的綠意也對心理上有著極大的影響。相信許多人在屋內擺放個綠色盆栽，就不自覺地會感到安心。在此介紹栽種於陽台或室內窗邊，不同於一般的綠色植物栽培法。

水耕栽培網紋草

Fittonia albivenis

多年草／明亮日陰處／10˚C左右

綠色力量

現在的地球，最接近人類的動物為黑猩猩及倭黑猩猩。這些猿類現今也棲息在非洲的森林中。在遙遠的古代，猿類及人類的共通祖先都是生活在森林中，森林提供了水及食物，還是能夠保全性命的住所。

樹木的葉片或果實、棲息於此的小動物等，整個森林就如同是生物的食物倉庫。森林是躲避肉食動物最佳的地點，被追捕時，只要爬上樹就能夠輕易脫逃。在樹上安置睡床，是最安全的棲所。至人類的祖先開始擁有雙足站立行走的能力後，也有很長一段時間繼續棲息在森林裡。

之後，我們的祖先逐漸移至草原。其原因乃是氣候變化，逐漸乾燥的氣候，使得森林範圍逐漸縮小。生於森林、受森林保護，然後失去森林，為尋找森林進行遷徙的反覆過程造就了人類。

在現代人的腦中，說不定還留著當時候的記憶。想像祖先的心情，持續走在寂寥的草原上，當看到綠色森林時，心中的那份安定感。走進森林，被綠意包圍、熟睡時的幸福感。我們現代人也是，當在無生命力的辦公室看到一盆觀葉植物時，總會有種鬆一口氣的感覺，將這感覺視為遠祖的遺產應該也不會太過牽強。

曾有實驗證實植物具有紓壓的效用。實驗方法如下：首先，將實驗對象分成兩個群組，一組坐在能夠看到觀葉植物的位置，另一組則是無法看到的位置。依照上述位置讓實驗對象進行計算作業，量測兩群組分別承受多少壓力（承受壓力時，唾液中分泌物質增加率的差異）。在計算作業結束20分鐘後，「無植物」群組的增加率幾近600%，反觀「有植物」群組的增加率止於100%左右。由此，做出觀看植物具有紓壓效果的結論應該也不為過。

此章將介紹迷你盆植及被稱為玻璃盆栽的栽培法、苔蘚植物、多肉植物、水草等各式繽紛的綠色植物。只需要小小的空間就能享受樂趣，彷彿是包圍著我們先祖的迷你森林，讓我們得以從現代生活壓力中釋放。當感覺有些煩悶時，陽台或屋內一隅的小小綠意，應該能讓情緒稍稍舒緩。

常春藤『Spetchley』的水耕栽培

Hedera helix 'Spetchley'

常綠蔓性木本植物／需日照（避免直射盛夏的陽光）~明亮日陰處／耐寒性佳

盆栽？①

這邊要介紹的並非盆栽，而是盆栽風的小型盆植。許多讀者會認為種植盆栽既花時間又花錢，還需有相關種植知識及審美觀，入門門檻過高。

若是如此不要拘泥於盆栽二字，帶著愉快的心情享受種植吧！從種子或幼苗開始，費用也不會太過昂貴。

這邊的目標為讓人感受到大片風景氣氛的盆植。「綠色山丘上豎立著巨大的樹木。初夏的午後，在大樹下睡上一覺，心情是多麼地愉悅啊！」帶著這樣的情緒，營造出把自己縮小，暢遊在盆植間的風景吧！

地錦

Parthenocissus tricuspidata

落葉灌木／需日照／耐寒性佳

此為葉片呈現鮮豔黃綠色的地錦園藝品種。賣點為春季的新葉（右）及秋季的紅葉（上）。5~6月之際，將所有葉片割下的話，又會再長出新葉

櫸樹

Zelkova serrata

落葉喬木／需日照／耐寒性佳

圖為新葉會呈現鮮豔黃綠色的櫸樹園藝品種。4月摘取新芽，6月去除所有的葉片及進行樹枝剪定，作出樹型。圖中的盆植作法請參見第62頁

安南漆

Rhus succedanea

落葉喬木／需日照／耐寒性佳

圖為在小盆栽中撒入許多安南漆種子後所發芽長成，為秋季的紅葉。部分體質對其過敏會起疹子，需特別注意

從松果發芽的小型松盆植方法

間隙有著像這樣的種子

需準備黑松或紅松的松果（圖為黑松松果）。盡可能找尋含有許多種子的松果

黑松

Pinus thunbergii

常綠喬木／需日照／耐寒性佳／播種時期 3~4月

如下方圖片，將約一半的松果埋入播種用土中。當松果含有水分時就會閉起。為了避免澆水後松果閉起，在乾燥狀態時，將間隙塞入土壤

約1個月左右便會開始發芽。發芽2週後開始施予肥料。為讓肥料能順利滲入松果縫隙內根部，建議使用以1：1000比例稀釋的液態肥料

這樣的狀態能維持多年。當松果腐爛後，可作為一般的寄植用，或是將其每支獨枝栽培

嘗試種植圓形球根為特徵的苔球小盆植吧！需依照每一植物適合移盆的時期進行

準備用品

淺盆器／盆器底網／鋁線／含基肥的盆栽用土／泥炭土／苔蘚 等

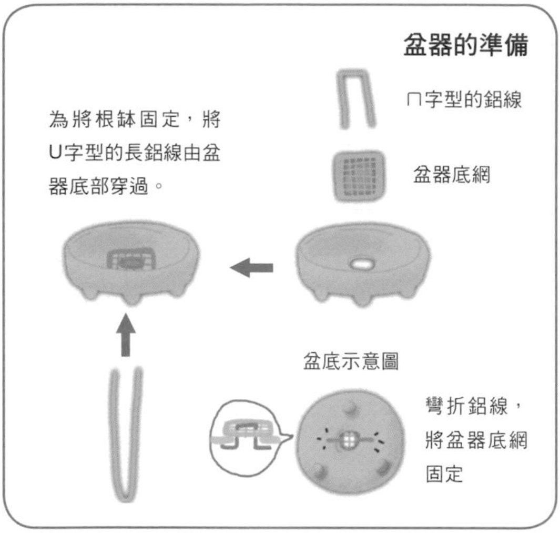

將植物從盆器中取出，敲一敲土壤。切除約1／3的根尾部

將根缽整理進如上圖所準備的盆器。根部間隙塞入新土，將根缽整體塗上泥炭土。彎折鋁線，固定根缽

於泥炭土種上苔蘚。可選擇分成小塊分別種上，或是整片貼上皆可。推薦貼附力較強的羽枝青蘚（Brachythecium plumosum）或Brachytheciaceae。容易剝落的大灰蘚較不適合

為避免泥炭土流失，於苔蘚上以線進行綑綁。只需1個月，苔蘚就能紮實地附著於泥炭土上，此時就可將線拆除。當苔蘚確實附著後，若澆水因角度有困難時，可將盆器浸漬於裝有水的容器中

三角槭

Acer buergerianum

落葉喬木／需日照／耐寒性佳

5月下旬

6月下旬

發芽後隔年春天。試著圈上鐵絲，製作造型（鐵絲圈置方法請參見第68頁）

銀杏

Ginkgo biloba

落葉喬木／需日照／耐寒性佳／播種時期 11月左右、3月左右

使用可食用的銀杏。秋天時播種後置於室外，到春天發芽前持續澆水，或以濕廚房餐巾紙包覆置於冰箱冷藏，待春天進行播種。兩者皆需使用播種用土。發芽後2~3週，施予緩效性複合肥料

12月下旬，置於冰箱內開始發根的種子

實生數年的梅樹。到開花還須經過多年，且與母株非同類。但梅樹即便是和原種相近的品種也極具觀賞價值，從種子栽培起也能長成壯觀的花木

梅

Prunus mume

落葉喬木／需日照／耐寒性佳／播種時期6~7月

使用梅酒、梅子乾的果實。將種子充分洗淨，立刻播種並置於屋外，持續澆水直到春天發芽。發芽後2~3週，施予緩效性複合肥料。雖也可將種子以濕廚房餐巾紙包覆置於冰箱冷藏保存，但多半在保存期間就會開始發根。此時必需立刻種植，放置於寒冷卻不會結冰的地點。無論何者皆需使用播種用土

盆栽？②

盆栽一詞已是國際共通名詞，在世界各地皆有愛好者。相信在各個區域，其當地的植物一定被拿來作成獨特的盆栽吧！

不知是否為近10年的趨勢，日本所看到的觀葉植物有許多都是盆栽風格產品。市面上售有被塑造成有趣形狀的木棉或細葉榕。若要說的話，應該是受到國外盆栽的影響。

除了觀葉植物，香草、蔬菜、多肉植物等，只要認真尋找，應該可以找到許多被種植的像盆栽般的植物。

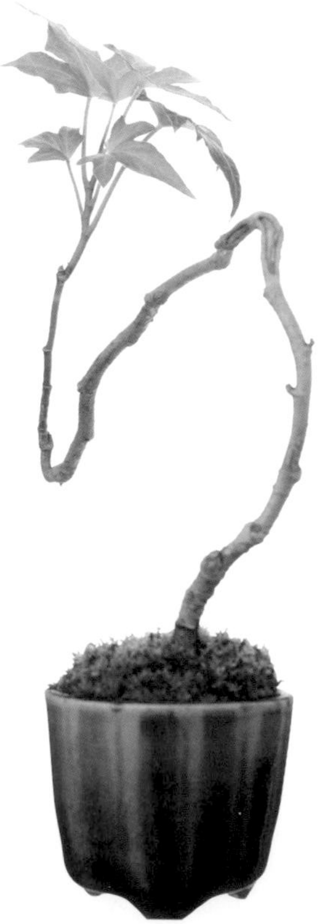

常春藤「 Ritterkreuz 」
Hedera helix'Ritterkreuz'
常綠蔓性木本植物／需日照（避免直射盛夏的陽光）~明亮日陰處／耐寒性佳
不斷延伸成長，利用剪短留下的樹株，便可輕易地作成盆栽風擺飾

蘇鐵
Cycas revoluta
常綠喬木／需日照／0°C左右
此為將發芽的蘇鐵移盆至直徑約4.5cm大小的盆器。雖然是稍稍耐寒的植物，但這類小型盆植還是不要使其結凍比較好

菩提樹

Ficus religiosa

常綠喬木／需日照／3˚C左右

試著將種植約10年的菩提樹盆植改造變成盆栽風擺飾。印度橡膠樹或鵝掌藤也可進行相同的改造。若於梅雨季節進行的話，損害較少，恢復速度也會比較快

於莖部距離根部約10cm處切下。擦去從切口處流出的樹液，並塗抹癒合劑會更安心

敲落從盆器拔出後的土壤。待土壤較乾後再進行敲土作業會較容易進行。最後將其水洗，洗去所有的殘餘土壤

移盆至直徑約15cm的淺盆種植。將約3分之1的根缽植入新盆器中

移盆12天後。開始長出新芽

移盆17天後。樹葉開始展開。因為盆器用土量較少、乾涸速度較快，需注意水分補充

迷迭香
Rosmarinus officinalis
常綠灌木／需日照／耐寒性佳
分有匍匐型及直立型兩種類。於前端處圈上銅線，即會長成捲曲成長成圓形，呈現出分量

檸檬茶樹
Leptospermum petersonii
常綠灌木／需日照／-5˚C左右
其葉片與檸檬相當類似帶著強烈香氣，被作為香草使用。會開出類似松紅梅的白色花朵

白鼠尾草
Salvia apiana
常綠灌木／需日照／-5˚C左右
同屬鼠尾草。日本多作為觀賞用的香草販售。好種植、耐乾植物

麝香草腦
Thymus camphoratus
常綠灌木／需日照／耐寒性佳
主要為觀賞用，與其他百里香品種相比，此種耐寒性較差。圖中盆器是使用將底部鑿洞的茶杯

紅花百里香
Thymus serpyllum
常綠灌木／需日照／耐寒性佳
圖中為帶斑的園藝品種。因冬季寒冷緣故，呈現帶紅顏色。利用支架固定細莖，其後拿掉支架，進行整姿

榕樹

Ficus microcarpa

常綠喬木／需日照／
3°C左右
肥大的根部長出地面的為人參榕。圖為將人參榕整姿成下垂種法

球莖甘藍

Brassica oleracea var. gongylodes

多年草／需日照／耐寒性佳
有跳舞葉牡丹的話，當然就有「跳舞球莖甘藍」。圖為切下花穗，種植多年後的成果

葉牡丹

Brassica oleracea var. acephala

多年草／需日照／耐寒性佳
切下春天長出的花穗，置於陰涼處度過夏天的話，隔年又可持續培育長出複數枝葉。圖為跳舞葉牡丹品種

日本苦參屬『Little Baby』

Sophora prostrata 'Little Baby'

常綠灌木／需日照／-5°C
左右
彎曲蔓延的莖上長有極小樹葉，無需特別照料即可生長的盆栽風植物

五葉地錦

Parthenocissus quinquefolia

落葉蔓性木本植物／需日照／耐寒性佳
圖為帶斑的園藝品種。春季新葉為粉色、夏季呈現斑點狀、秋季則如圖中的紅葉，可充分享受多樣變化

鬣酢漿草

Oxalis megalorrhiza

多年草／需日照／3˚C左右

有著木質化莖部的酢漿草屬植物。培育方式如右所述

小型盆植、栽培訣竅

利用進行移盆的同時，變換樹幹傾斜角度、在合理範圍內使其彎曲。這樣的加工方式可運用於樹幹太軟、無法加工金屬線的多肉植物上

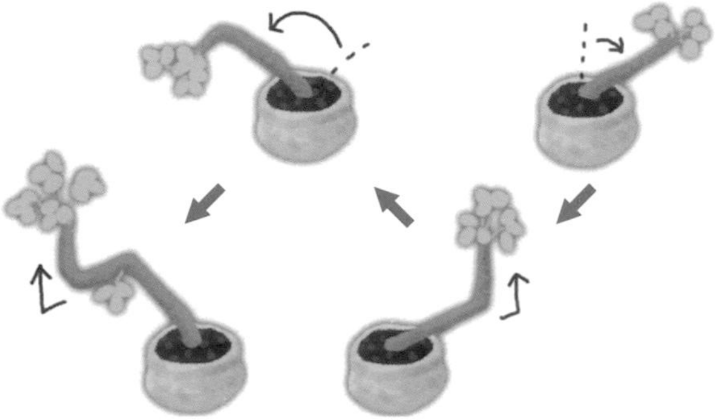
變換傾斜角度種植
將植物斜向種植
再次朝著上方垂直生長
植物會朝著上方垂直生長

在盆栽的世界裡，往往會利用金屬線捲曲樹幹或樹枝，進行外型調整作業。使用的金屬線多為鋁線或銅線。鋁線較柔軟、容易使用，但也有著維持外型的力道相對較弱的缺點。建議一般樹木使用鋁線，彈力較強的樹木則改使用銅線。合適的栽培時期為早春、初夏、秋季，但仍依樹種而異。綁上的金屬線約數個月後就需拆下（松樹等樹種約為1年）

金屬線綁在樹幹彎曲外側。綁在內側的話將會容易折斷，需特別注意

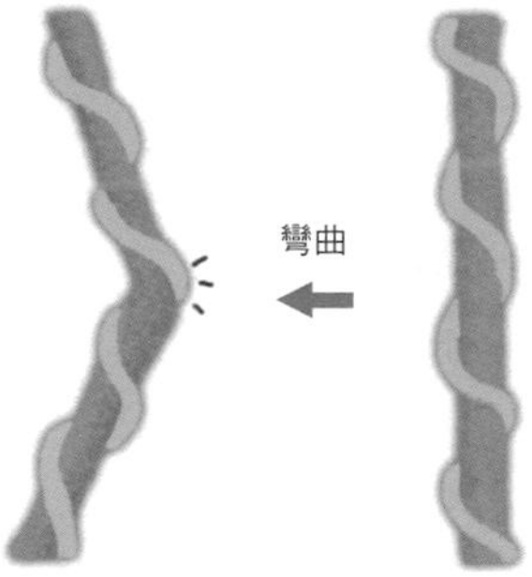

金屬線的粗度基本上約為樹幹或樹枝的3分之1粗左右

砂子、赤玉土等。澆水時需整體充分濕潤

盛夏時置於明亮日陰處，但若容器較小的話，乾燥速度快，照料上相當累人。建議在較大的容器中放入砂子或赤玉土，將盆植埋入其中，可減緩乾燥速度。偶爾進行查看，將盆底長出的根部切除

盆栽？③

本章將介紹「草類盆栽」風的小型盆植。若稱平常的盆栽為雄壯風景的縮小版，那麼草類盆栽應可說是將自然原封不動地移至盆中。

草類盆栽的魅力在於和一般的樹木盆栽一樣，甚至讓人感受到充滿更多細微的季節變化。從土壤表面初露臉的新芽、開花結果、秋天紅葉、冬天枯萎的風情等，透過一個小小的盆栽，就能欣賞到季節變換所呈現的風情。原本會不停長大的雜草，透過巧手加工，利用體積較小的盆栽縮小化，使其呈現出多樣風情。

回想一下小時候嬉戲的原野風景，讓我們利用身旁的雜草、野草，製作出小型盆植吧。

波斯菊『Dwarf sensation』

Cosmos bipinnatus 'Dwarf sensation'

春播一年草／需日照／播種時期 4~6月
撒下許多小型品種的種子，試著讓其長成小小波斯菊園地的感覺。植物高度約為20cm。波斯菊本屬於短日性植物，但此品種無關日照長短，在短時間內即可開始開花

收成的「chinmai」稻穗

稻

Oryza sativa

春播一年草／需日照／播種時期5月左右

稻高約15cm觀賞用品種。市售商品名為「chinmai」，利用小型玻璃容器儲水進行栽培

小米

Setaria italic

春播一年草／需日照／播種時期 5~6月

黍

Panicum miliaceum

春播一年草／需日照／播種時期 5~6月

密集地播下許多小鳥飼料進行培育。除了小米及黍之外，小鳥飼料中大多都還摻有紫穗稗及金絲雀草等植物

「chinmai」販售商

就業支援中心 青空

地址 ／ 〒078-0151北海道深川市納内町2丁目1番48號　TEL 0164-24-3450

＊售有內含10顆「chinmai」種子、專用培養土、可作為盆栽容器的金屬罐、栽培說明書的栽培套組。不含圖片中的玻璃容器。

風知草

Hakonechloa macra

多年草／需日照／耐寒性佳

圖片為紅風知草。5月及7月分別將莖部割除的話，可以使其生長分量更為剛好不至於過密

蝦夷蔥

Allium schoenoprasum

多年草／需日照／耐寒性佳

將香草的蝦夷蔥種植於直徑約5cm的容器中栽培。雖然相當迷你，但還是能確實開花

野菰種子。每年皆有播種野菰種植。將要寄生的植物進行翻土，讓根部得以些許外露，於根部處搓入種子，再將植物埋回即可

中國芒

Miscanthus sinensis 'Zebrinus'

多年草／需日照／耐寒性佳

野菰

Aeginetia indica

春播一年草／需日照／播種時期 冬~春

野菰會寄生於芒草或蘘荷等植物上。8~9月左右，會開出像圖中的花朵。圖片為寄生於中國芒上的盆栽

虎杖

Fallopia japonica

多年草／需日照／耐寒性佳

圖為春天萌芽時特別美麗的帶斑園藝品種。無斑的原生種雖看似雜草，卻也別有風情

西洋蒲公英

Taraxacum officinale

多年草／需日照／耐寒性佳

呈現出春天草原風情的盆植。若有種子四處飛散的困擾時，可在開花過後將頭花摘除

蘆荻

Arundo donax

多年草／需日照／耐寒性佳

蘆荻屬大型禾本科植物。夏季若將莖插入水中，即會萌根、發芽，因此將其與苔球作了結合

水栽培、水耕栽培

以風信子為例，利用風信子的球根，只要施予不含肥料的水分，也是有可能開花的。這樣的栽培法稱為「水栽培」。所有的植物總有一天都會枯萎殆盡，不可能永生。

對此，另有施予含有肥料水分（培養液）使其成長的方法，將有機會長期栽培。此稱為「水耕栽培」，狹義的水耕栽培是指不使用任何介質，直接將根部浸於培養液中栽培。

所謂的介質，如使用砂礫時，有人稱之為「礫耕栽培」來進行區分。但本書中是以有無使用土壤作為區分，因此將礫耕栽培歸類於水耕栽培中。

風信子的水栽培

從11月左右開始。最初，倒入水分使其到達球根根部處。水髒了就進行更換

將植物放置於水不會結凍處約1~2個月

當根部長到某種程度後，將水位降低些

在歷經過冬季寒冷後，將其改置於屋內溫暖處，有助於使其盡早開花

風信子
Hyacinthus orientalis
秋植球根植物／需日照／耐寒性佳

觀葉植物的水栽培

透過插於水中使其發根，之後直接移植進行水栽培。莖部及葉片存有養分，因此若短期間僅提供水分，也是能存活下去

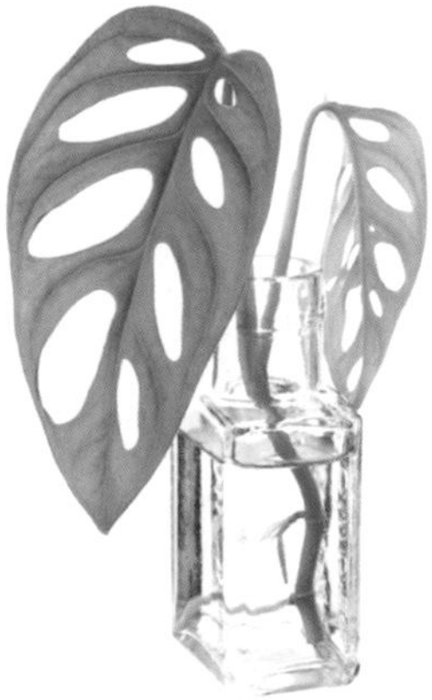

多孔龜背芋
Monstera friedrichsthalii
蔓性多年草／明亮日陰處／10°C左右

黑葉觀音蓮

Alocasia × amazonica

多年草／明亮日陰處／15°C左右

觀葉植物的水耕栽培。於無底洞的容器底部放入避免根部腐爛的沸石等，種植於陶瓷容器中。需長期施予肥料

鴨茅

Dactylis glomerata

多年草／需日照／耐寒性佳／

適合播種時期 3~4月、9~10月

迷你草坪水耕栽培

需準備

鴨茅、狗尾草（提摩西草）、草皮等的種子／三角容器用濾水網（形狀類似絲襪）／用土／化學纖維繩／橡皮筋／水栽培容器等

剪下適當大小的濾水網作使用

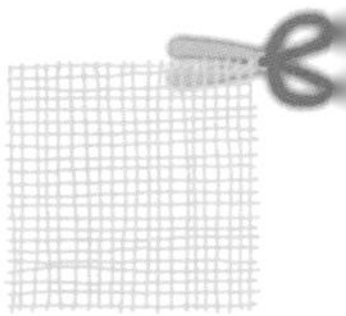

↓

將種子薄薄地平鋪於網上

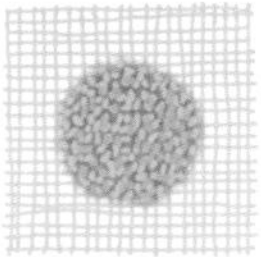

↓

再將市售名為「椰殼纖維土」的椰子纖維培養土鋪於種子上

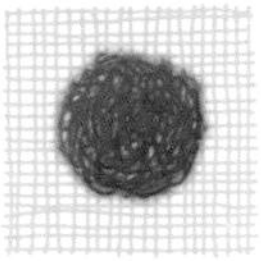

↓

為使其能夠吸取水分，將繩子穿入其中（左圖省略此步驟），像是製作晴天娃娃般將其捏圓，下方用橡皮筋束緊

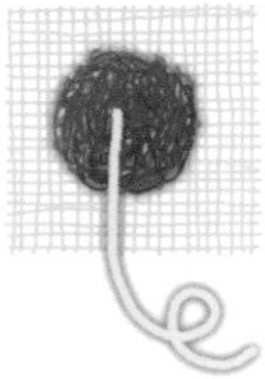

↓

將其放入裝有水的容器中，等待發芽。為避免繁生藻類，建議將容器瓶身用鋁箔包覆

↓

發芽後，施予以1：1000比例稀釋的液態肥料取代水分。草長太高時，需進行修剪

玻璃容器盆栽

造訪未知的土地，採集有利用價值的植物，這樣的人被稱為植物獵人（Plant Hunters）。他們可能在古老時代就已經存在，並前往遙遠的國度追求植物，正規植物獵人的出現為17~18世紀之後。他們主要來自英國或荷蘭，造訪了包含日本的亞洲及非洲大陸等地，集結各式各樣有利用價值的植物，送回自己的國家。

但這些植物獵人辛苦收集的植物並非全部皆順利返抵國門。在數個月的船行途中，大多數的植物不是浸在海水中，就是因過於乾燥而枯死。看著每每運來的植物都枯死，想必接收貨品的人應該是無比失落，都殷切盼望改善運輸方式的時代到來。

解決這個問題的，是一位叫做沃德（Nathaniel Bagshaw Ward）的倫敦醫師。1834年，沃德醫師進行了某項實驗。他於玻璃製的箱子內種植蕨類等植物並密封，將其置於由英國開往澳洲的船隻甲板上。經過半年的航行，雖從未將箱蓋打開，但聽聞植物仍是活著的。其後此裝置被實用並大量普及，讓運輸中的植物生存率得以明顯提升。仔細思考，用一只玻璃製的箱子，卻能成為植物運輸革命性突破的關鍵。

阻絕外部空氣，保有內部濕度的裝置被稱為沃德玻璃箱（Wardian case）。正值那時，倫敦市民們開始流行種植蕨類植物。而備受矚目的，就是沃德玻璃箱。除了能保持蕨類喜歡的溼度外，更是充分杜絕了當時倫敦的空污問題。維多利亞時代的英國人，發揮巧思，利用各式各樣的沃德玻璃箱享受了種植蕨類的樂趣。利用類似沃德玻璃箱的半密閉、密閉容器的栽培法被稱為玻璃盆栽，流傳至今。

特別是密閉式的盆栽幾乎不需澆水，極少次數地施予肥料即可。只要照到陽光，就能夠長時間維持生長。正因為幾乎無需照料，這樣的栽培法相當適合沒有時間的現代人。在小小的空間種植的綠意能讓心靈得以休憩，遙想著活躍的植物獵人及維多利亞時代的英國人，不也又是另一種樂趣？

使用波士頓蕨園藝品種栽培的玻璃盆栽。波士頓蕨從以前就是非常受歡迎的蕨類植物，有著葉片大小、形態、葉色各有不同的多款園藝品種

波士頓蕨

Nephrolepis exaltata

蕨類植物／明亮日陰處／5°C左右

＊玻璃盆栽的製作、照料方法請參見第79頁

將切下的植物莖部放入瓶中並注入水分，發根後，給予1：2000比例稀釋的液態肥料取代水分。即可完成最簡單的玻璃盆栽

黃金葛「白金葛」

Epipremnum aureum' Marble Queen'

蔓性多年草／明亮日陰處／5°C左右

紫竹水竹草

Tradescantia fluminensis

多年草／需日照（避免直射盛夏的陽光）／3°C左右

蛇足石杉

Huperzia serrata

蕨類植物／明亮日陰處／耐寒性佳

網紋草

Fittonia albivenis

多年草／明亮日陰處／10°C左右

富貴竹

Dracaena sanderiana

常綠灌木／明亮日陰處／5°C左右

羽蘚屬苔蘚

Thuidium sp.

苔蘚植物／明亮日陰處／耐寒性佳

將苔球種植於密閉容器中，可能孢子與種子混和緣故，長出了蕨類及草類

箭葉鳳尾蕨「Evergemiensis」

Pteris ensiformis 'Evergemiensis'

蕨類植物／明亮日陰處／3°C左右

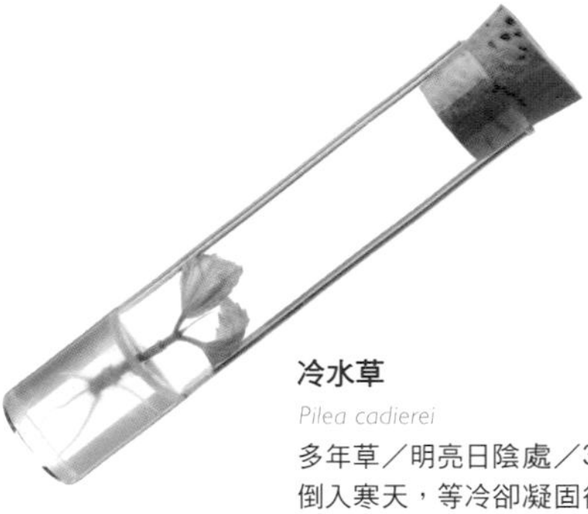

冷水草

Pilea cadierei

多年草／明亮日陰處／3°C左右

倒入寒天，等冷卻凝固後，將冷水草插入。冷水草會在寒天中發根。雖然不太會發霉，但若發霉時，沖水洗淨即可

玻璃容器盆栽＝模型地球

植物在行光合作用時，會吸收二氧化碳、釋放氧氣，同時也會進行吸收氧氣、排出二氧化碳的呼吸。此外，植物所排出的水分凝結之後又會再度滋潤植物。

所以，即便是密閉的玻璃盆栽，也不會有氧氣、二氧化碳或水分不足的情況發生（但植物生長所需的水及二氧化碳分量仍是會減少）。

如此一來，玻璃盆栽看起來就像是個模型地球。兩者都是透過外部射入的光線給予植物養分，利用內部既有的物質循環，得以支持生命繼續生存下去。

小榕
Anubias barteri var. glabra
多年草／明亮日陰處／5°C左右

日本蹄蓋蕨（右上）
Anisocampium niponicum
蕨類植物／明亮日陰處／耐寒性佳

斑葉八角金盤（中央）
Fatsia japonica 'Albomarginata'
常綠灌木／明亮日陰處／耐寒性佳

沿階草（右下）
Ophiopogon japonicus
多年草／明亮日陰處／耐寒性佳

石菖蒲（左下）
Acorus gramineus
多年草／明亮日陰處／耐寒性佳

白髮蘚屬苔蘚（下）
Leucobryum sp.
苔蘚植物／明亮日陰處／耐寒性佳

利用日本才有生長的植物
所製作的玻璃盆栽

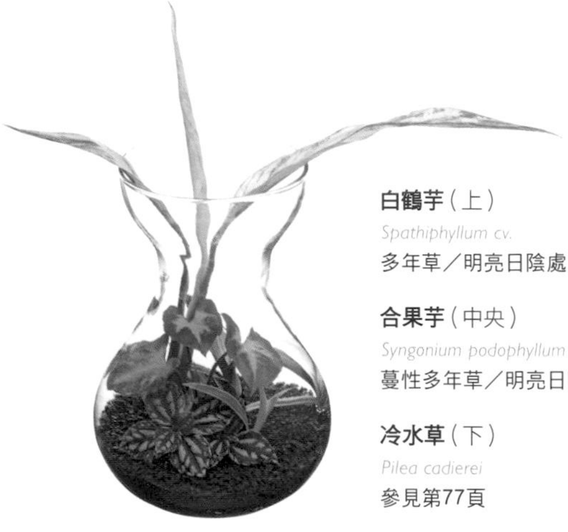

芋榕
學名不詳
多年草／明亮日陰處／5°C左右
屬水草植物。附著生長於漂流木，
利用此重現水畔風景

白鶴芋（上）
Spathiphyllum cv.
多年草／明亮日陰處／3°C左右

合果芋（中央）
Syngonium podophyllum
蔓性多年草／明亮日陰處／3°C左右

冷水草（下）
Pilea cadierei
參見第77頁

吊蘭（右下）
Chlorophytum comosum
多年草／明亮日陰處／3°C左右

蚌蘭（中間的紅葉植物）
Tradescantia spathacea
多年草／需日照（避免直射盛夏的陽光）~明亮日陰處／3°C左右

由以上5種植物組成

基本玻璃盆栽製作方法

適當栽培期間 4~5月、9~10月

需準備

瓶子／用土（赤玉細土、水草用土壤等）／沸石等

＊沸石 能吸收有害物質的礦物。可購於園藝用品店

容易發根的植物可以直接進行插枝，使其於瓶內發根。不易發根的植物建議將根部清洗後進行種植。例如吊蘭、沿階草等植物的根部清洗後種植

1

置入乾燥用土

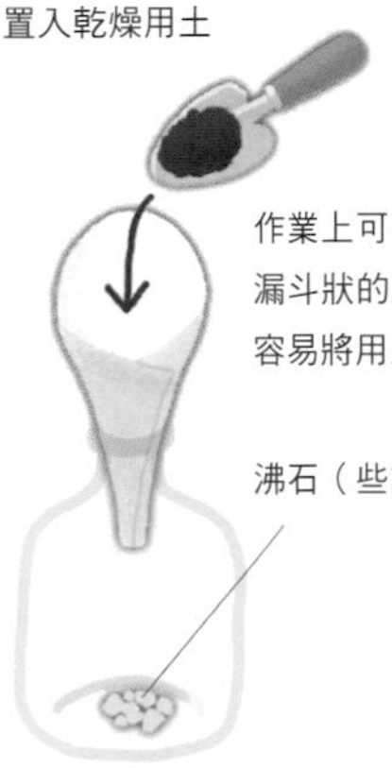

作業上可利用捲成漏斗狀的紙張，較容易將用土倒入

沸石（些許）

2

淋濕用土，利用長條棒搓洞

3

摘除紫竹水竹草、黃金葛等植物下半部的葉片，將1節埋入用土中

4

將植物放入挖好的用土洞中，利用棒子撥土蓋住根部

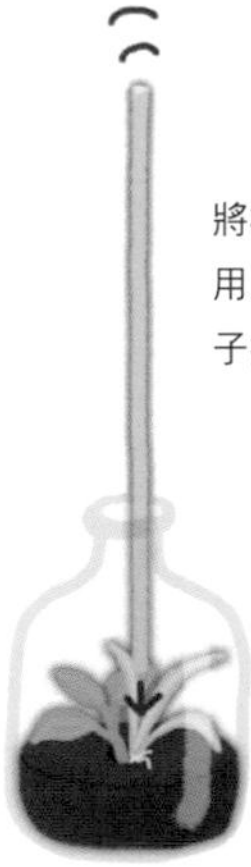

5

完成種植作業後，澆水使整體呈現濕潤狀

若倒入太多水分，可利用長滴管將水吸出

6

照射植物生長燈（若無，可用一般日光燈）或可透過薄窗簾的柔軟光線進行培育。需特別注意夏季溫度是否過熱。

種植2~3週後，約每月一次施予少量1：2000比例稀釋的液態肥料。冬季時停止施肥

苔蘚植物

會讓人聯想到山中深處或日本庭園的寂靜氛圍，甚至感覺是綠色抱枕的柔軟質感。這就是苔蘚的魅力所在。記得苔蘚受到矚目約是從2000年初期開始。以苔蘚為主題的盆栽或苔球也是從那時登場，在這之前，苔蘚多半是作為盆栽鋪底使用的配角，但卻在此時榮登主角寶座。

即使經過了10年以上，苔蘚園藝仍未完全成熟。至於為何無法達到成熟階段，恐怕是因為它的栽培比想像中困難許多，在此分享利用玻璃容器，花費一點心思，就能夠種出美麗苔蘚的訣竅。

細葉真蘚屬苔蘚

Bryum sp.

苔蘚植物／明亮日陰處／耐寒性佳
正因為有著在哪都能生長的雜草性，是相對容易栽培的苔蘚。孢蒴（含有孢子的器官）相當引人注目

東亞萬年蘚

Climacium japonicum

苔蘚植物／明亮日陰處／耐寒性佳
東亞萬年蘚的玻璃盆栽。光源僅有使用日光燈，夏季雖置於30°C以上的環境仍可以良好生長

大倏蘚

Pyrrhobryum dozyanum

苔蘚植物／明亮日陰處／耐寒性佳
別名大檜蘚。可長到10cm高的大型苔蘚。不喜乾燥，耐潮濕環境，適於玻璃盆栽

梨蒴珠蘚

Bartramia pomiformis

苔蘚植物／明亮日陰處／耐寒性佳
使用赤玉土種植的梨蒴珠蘚玻璃盆栽。梨蒴珠蘚不耐熱，夏季需置於陰涼處

泥炭蘚屬苔蘚

Sphagnum sp.

苔蘚植物／明亮日陰處／耐寒性佳
植物體本身具備保水性，因此無需介質。僅需於盆器內塞入泥炭蘚即可種植。注意需保持有水分狀態

白髮蘚屬苔蘚

Leucobryum sp.

苔蘚植物／明亮日陰處／耐寒性佳
作為「山苔草」銷售的為南亞白髮蘚或包氏白髮蘚（同為白髮蘚屬）。栽培於閉密玻璃容器也能存活，種植如圖片A般柔軟。B則是結合熔岩所呈現出的景色

砂蘚屬苔蘚

Racomitrium sp.

苔蘚植物／需日照（避免直射盛夏的陽光）~明亮日陰處／耐寒性佳
同類型的─東亞砂蘚或硬葉砂蘚皆被統稱為「砂蘚」販售

利用各式各樣的苔蘚作成苔球看看吧！

置於密閉容器中，照射稍強光線的
植物生長燈使其成長

叉錢蘚

Riccia fluitans

苔蘚植物／需日照（避免直射盛夏的陽光）~明亮日陰處／耐寒性佳

生長於水面，或潮濕地面的苔蘚。作為水草銷售。此為利用叉錢蘚製作而成的苔球

將苔球栽培於密閉容器時，長出了
不可思議的橘色物體。看起來像是
盾盤菌屬的菌菇

利用白髮蘚屬苔蘚（參見第81頁）作成的苔球。圖片為置於室內密閉容器中的苔蘚，生長得相當柔軟。一般不會置於容器中，而是放置於室外半日陰處栽培

灰蘚屬苔蘚

Hypnum sp.

苔蘚植物／需日照（避免直射盛夏的陽光）~明亮日陰處／耐寒性佳

最常被拿來製作苔球的苔蘚種類。在陰暗處無法順利生長。需充分提供日照，隨時保有水分地進行栽培

羽蘚屬苔蘚

Thuidium sp.

苔蘚植物／明亮日陰處／耐寒性佳

纖細的苔蘚種類。需置於室外明亮日陰處，且注意避免水分流失

苔球製作方法

我們常能看到以苔蘚包覆盆栽植物根部的苔球，在此只利用苔蘚來製作看看更容易栽培、長似球藻（Marimo，生長於北海道）的苔球

合適栽培期間 4~7月

需準備

泥炭土／赤玉土／化學纖維線／苔蘚（一般會選擇大灰蘚）等

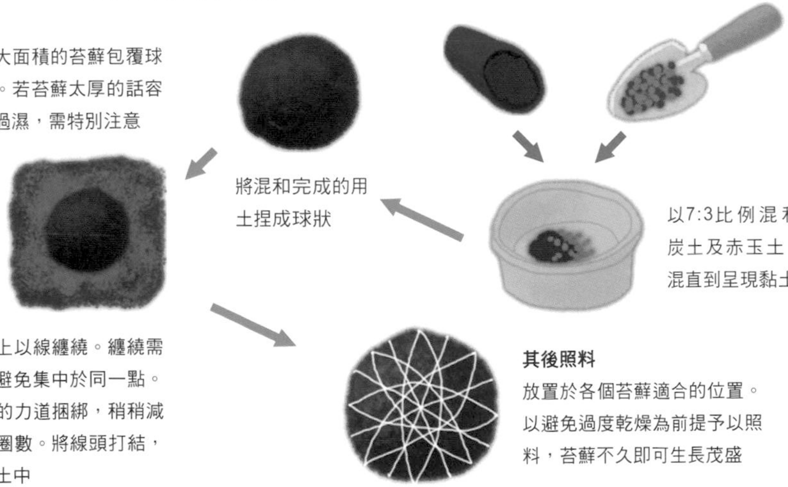

以7:3比例混和泥炭土及赤玉土，翻混直到呈現黏土狀

將混和完成的用土捏成球狀

將薄層大面積的苔蘚包覆球狀用土。若苔蘚太厚的話容易造成過濕，需特別注意

於苔蘚上以線纏繞。纏繞需均勻，避免集中於同一點。以稍強的力道捆綁，稍稍減少捆綁圈數。將線頭打結，塞入用土中

其後照料

放置於各個苔蘚適合的位置。以避免過度乾燥為前提予以照料，苔蘚不久即可生長茂盛

蕨類植物

東歐流傳著這樣的傳說—身著蕨類花朵的男人可以透視地底的寶藏。

當然蕨類是不會開花的植物。但古代人不知道蕨類不會開花，因此認為「不曾聽說有人看過蕨類的花朵，一定是相當稀有的關係。如果是蕨類的花朵，絕對有著不可思議的魔力」。

即使沒有不可思議的魔力，蕨類植物總像是有著神祕的氛圍吸引著人們。有著執著愛好者的日本萬年松及松葉蕨皆屬蕨類植物。如第74頁所述，19世紀於英國蔚為風潮的，也是蕨類植物。蕨類植物雖然看似乏味，但似乎有著某種讓人著迷的神奇力量。

傅氏鳳尾蕨

Pteris fauriei

蕨類植物／明亮日陰處／3°C左右

日本名為八丈羊齒。葉片最長可達1m左右

筆筒樹

Cyathea lepifera

蕨類植物／需日照~明亮日陰處／5°C左右

木生蕨類。由於葉面寬廣延伸，可以遮日，因而得其名(日本名：日陰杪欏)。需注意水分補充

大木賊

Equisetum prealtum

蕨類植物／需日照（避免直射盛夏的陽光）~明亮日陰處／耐寒性佳

木賊或問荊皆屬於蕨類植物。一般的木賊高度約為1m，但大木賊可達1.5m左右

波士頓蕨「Scottii」

Nephrolepis exaltata 'Scottii'

蕨類植物／明亮日陰處／5°C左右

屬波士頓蕨的園藝品種之一。葉片呈現細碎狀，展現其密實感

伏石蕨

Lemmaphyllum microphyllum

蕨類植物／明亮日陰處／0°C左右

附生植物。以線將泥炭蘚捆綁製作成球狀。將伏石蕨的根莖纏繞，用細金屬線彎成U型固定

海州骨碎補

Davallia tricomanoides

蕨類植物／明亮日陰處／3°C左右

附生植物。將根部用泥炭蘚包覆，製作成像是吊掛的盆栽。若無水分的話，將其浸於盛有水的容器中數分鐘即可

鹿角蕨

Platycerium bifurcatum

蕨類植物／明亮日陰處／3°C左右

附生植物。將根部用泥炭蘚包覆，製作成球狀

松葉蕨『錦玉』

Psilotum nudum 'Kingyoku'

蕨類植物／需日照（避免直射盛夏的陽光）~明亮日陰處／3°C左右

用土採用桐生砂等。松葉蕨有著許多園藝品種，栽培條件依各品種而異

珊瑚卷柏

Selaginella martensii

蕨類植物／明亮日陰處／3°C左右

與萬年松屬同類。注意水分需充足。以卷柏之名還有其他許多品種出現於市面

仙人掌、多肉植物

多肉植物是指根、莖、葉等部位呈現肥大狀，能夠儲存水分，耐乾燥氣候的植物。其中，歸類於仙人掌科的數量最為龐大，為作區別而稱之為「仙人掌」。多肉植物含括50「科」以上，性質也相當多樣。依生長時期，可區分為春秋型、夏季型、冬季型。（在此所介紹的所有多肉植物皆屬春秋型）。

放置地點　放置於不會直接淋到雨、日照良好的位置。冬季建議放置於溫度不會過熱的屋內，或室外無溫度調節的簡易溫室。

澆水　生長期間若用土乾涸時，即充分補水。盛夏時需稍微控制澆水頻率。非生長期間則每月1次澆水些許即可（部分品種建議完全停止澆水）。

用土與肥料　使用市售「仙人掌、多肉植物用培養土」、或自行調配的培養土（參見第117頁）。於用土混入少許的緩效性複合肥料。

適當移盆時期　任何品種的適時移盆期皆為即將開始生長前。內容參見第120頁。

仙人掌的移盆　將舊土敲落，摘取下枯萎的根部，切下約1／3長的細根，使其乾燥數日（切下粗根的情況需等待1週左右）後進行移盆。移盆1週後再澆水。

多肉植物的移盆　佛甲草等景天科多肉植物的方式與仙人掌相同。十二卷屬等阿福花科（原屬百合科）多肉植物，則需將舊土敲落、摘取下枯萎的根部，無需進行乾燥，移盆後立即澆水。

十二卷屬「帝玉露」

Haworthia cooperi var. dielsiana

多肉植物／明亮日陰處／3˚C左右

玉露屬於軟葉型十二卷屬。帝玉露的葉片如同其名，日文為麝香葡萄，因為其形狀極為相似。

十二卷屬「白斑玉露」

Haworthia cv.

多肉植物／明亮日陰處／3˚C左右

葉片前端呈現半透明「窗狀」的軟葉型十二卷屬。帶有白斑，看似水晶結晶

佛甲草「Fine Gold Leaf」

Sedum 'Fine Gold Leaf'

多肉植物／需日照／-4˚C左右

有著耐寒性佳的黃綠色葉片的佛甲草。種植於以電鑽鑿洞的馬克杯中

白花小松

Villadia batesii

多肉植物／需日照／0˚C左右

種植於以錐子鑿開底洞的貝殼中

種植於以電鑽鑿洞的蛋杯中之仙人掌及多肉植物

星葉球

Astrophytum asterias

仙人掌／需日照／3˚C左右

萬年草

Sedum pallidum

多肉植物／需日照／-4˚C左右

月世界

Epithelantha micromeris

仙人掌／需日照／3˚C左右

利用相框製作看看多肉植物的壁飾吧！

適合栽培期間 3~5月、9~10月

需準備

多肉植物／相框（盡量挑選厚度較厚者）／塑膠網袋／泥炭蘚／內含肥料的仙人掌、多肉植物用培養土／釘書機／金屬掛勾 等

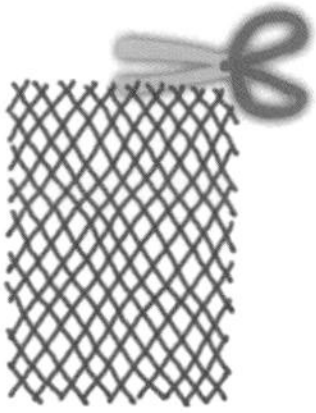

將塑膠網袋剪成比相框景觀窗還要些許大的尺寸

鎖上金屬掛勾

將相框的內側板及玻璃取下

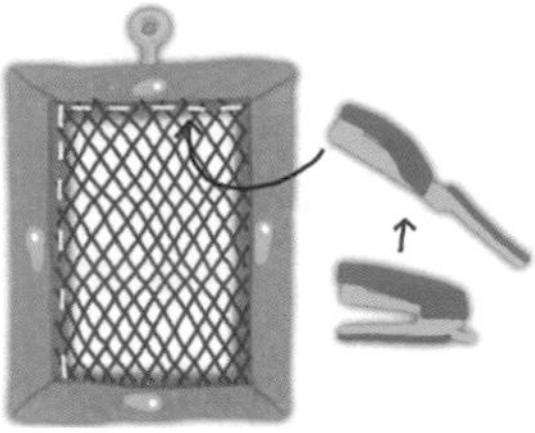

將塑膠網袋的邊緣以釘書機固定於相框景觀窗內側側邊（桃紅色部分）上

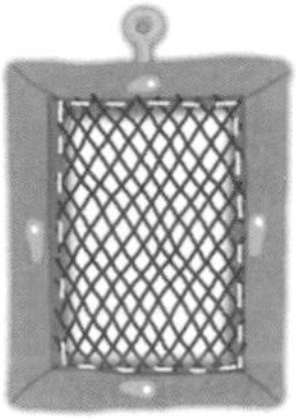

將薄薄一層泥炭蘚置於網袋上

將稍含水分的用土適當地塗抹於泥炭蘚上

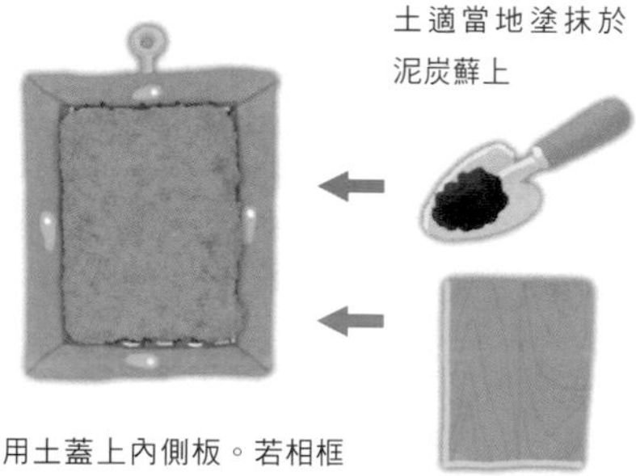

於用土蓋上內側板。若相框的內側板屬非耐水性材質，建議更換為甘蔗板等質料

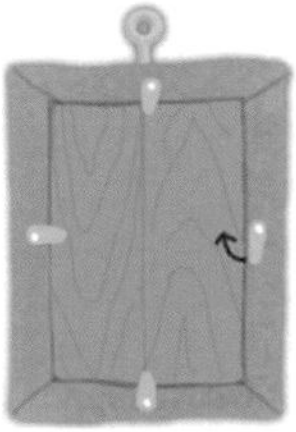

用扣具鎖上內側板，完成基底

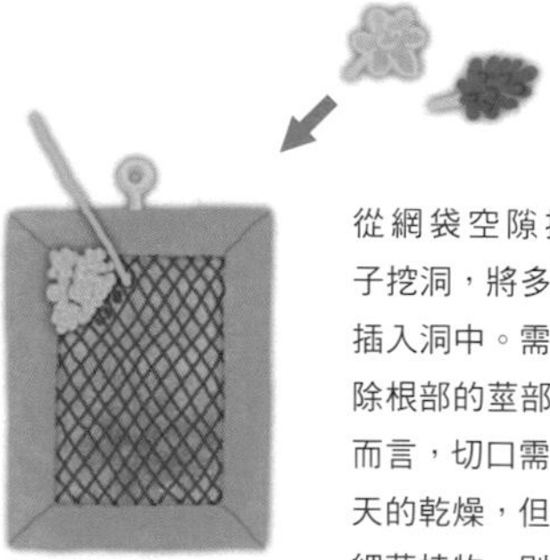

表面

從網袋空隙插入棒子挖洞，將多肉植物插入洞中。需使用切除根部的莖部。一般而言，切口需經過數天的乾燥，但若使用細莖植物，則無須進行此作業

其後的照料方法

為避免插穗脫落，需靜置於明亮日陰處待其發根。1~2週即會開始發根，此時需澆水。掛於牆壁上作為裝飾，並且置於日照良好處。施予液態肥料作為追肥，若生長過長時進行剪定，發現有空隙時，再新插入植物補充

依照第88頁步驟所完成的
佛甲草掛飾

圓葉景天（左上至右下）
Sedum makinoi 'variegatum'
多肉植物／需日照／-4˚C左右
（以下相同）

佛甲草「Fine Gold Leaf」
Sedum 'Fine Gold Leaf'

萬年草
Sedum pallidum

三色葉
Sedum spurium 'Tricolor'

多肉植物的混和種植建議挑
選性質類似的品種。

柳葉蓮華
x Sedeveria hummellii
多肉植物／需日照／0˚C左右
（以下相同）

紅稚兒
Echeveria macdougallii

虹之玉
Sedum rubrotinctum

白花小松
Villadia batesii

水草

水草（水生植物）到底是怎樣的植物呢？許多人以為是類似昆布或海帶芽，但這是錯誤的。海藻及水草是兩種完全不一樣的植物。海藻不會開花，是透過胞子增生，而大多數的水草都會開花，且是透過種子增生（藻球等藻類、水生苔蘚或蕨類除外）。

電視新聞常將梅花藻的花朵作為季節題材來報導。相信許多人都看過綠色的莖葉飄逸於清澈河流、潔白清晰花朵盛開於水面的美景。眾多的水草會像梅花藻的花朵般盛開於水面。開花是陸地植物的特徵，而水草開花意味著是由陸地植物演化而來。

試以動物演化來想像，生活於水中的魚類衍生為兩棲類動物，最終演化成完全生活於陸地上的爬蟲類或哺乳類。從這些陸地生活的哺乳類動物中，又出現像是海豚或鯨魚等再次回到水中的動物。水草也一樣，從生長於陸地上的植物再次回歸到水中。

水草的生長形態相當多元，有像細葉水蘊草一樣完全生長於水中、像布袋蓮一樣漂浮於水面、像丘角菱一樣根部深至水底且葉面浮於水面上的各類品種，又有像蓮花一樣根部深至水底但葉片卻直挺挺高於水平面的品種。光是所謂的濕地植物，也會被視為廣泛涵義下的「水草」。耐極度潮濕環境的觀葉植物、合果芋及日本產沿階草等植物有時也會被歸類為水草。

多數水草都有著適應環境變化的能力，例如幾乎生長於水中的品種其本體相當柔軟，即便水位下降，也能夠軟綿綿地彎曲，完全浸於水面下。可生長於水中、水上兩者的水草也會依環境變化，長出形狀不同的葉片。在水中時，葉片呈現細碎、柔美狀；在水上時，葉片則呈現非細碎狀的完整葉面。配合水中、水上各自的環境、受光容易度、需具備的強度等來區分，該生長哪種最適合的葉片。

夏季一到，蓮花及布袋蓮等植物，都可在園藝用品店或居家用品大賣場的園藝區找到。但一般大多數的水草都是在寵物用品店跟著觀賞魚一同販售。喜歡植物卻對寵物用品店沒什麼興趣的朋友們，不妨偶爾去探訪一下，說不定會有新發現。

同時生長出水中葉及水上葉的大寶塔。水中及水上看起來像是兩種完全不同的植物

石龍尾

Limnophila aquatica

水生多年草／需日照／5˚C左右

於水族箱使用大量水草，感覺像是原貌呈現自然河川或湖泊的風景，極具魅力。

但要完成這樣的水族箱需要相當多的設備。一般會需要用到植物生長燈、於水中打入二氧化碳的裝置、幫浦或加熱器等，對於初學者而言，入門門檻說不定會過高。

在此介紹無需使用特別裝置，即可輕鬆地享受栽培的易種植水草。若無植物生長燈可直接利用自然光線，但需注意夏季溫度不可過高。為避免生成藻類，可添加極少量的液態肥料來抑止生成。利用瓶子或玻璃杯，來稍稍地體驗看看水草世界吧！

冷水草

Pilea cadierei

多年草／明亮日陰處／3°C左右
雖然冷水草為陸生觀葉植物，但若有20°C左右的水溫環境，可以長時間水中栽培。可綁上砝碼使其沉於水中

鹿角鐵皇冠

Microsorium pteropus 'Widelov'

蕨類植物／明亮日陰處／5°C左右
星蕨的園藝品種。此品種為能同時水上（右）及水中（左）種植

黑木蕨

Bolbitis heudelotii

蕨類植物／明亮日陰處／5°C左右
有著澄澈透亮葉片的美麗水生蕨類植物。熟悉黑木蕨生長形態的話，無論是水中、或濕度高的水面上皆能夠成功栽培

荸薺

Eleocharis sp.

多年草／需日照／3˚C左右

屬牛毛顫的同類。種植於被稱為「黑土」的水草種植專用土（柔軟的粒狀土）中

圓心萍

Limnobium laevigatum

水生多年草／需日照／3˚C左右

浮於水面上生長的植物。若使用如圖片大小的容器種植，需特別注意夏季及水溫過熱

勾葉槐葉蘋

Salvinia cucullata

蕨類植物／需日照／3˚C左右

日本名又稱為南國山椒藻。浮於水面生長的植物。繁殖力強，會不斷增生

迷你矮珍珠

Hemianthus callitrichoides

水生多年草／需日照／5˚C左右

有著細碎的葉片，長像地墊的水草。照射強光後，會產生富含氧氣的氣泡。呈現像是整面珍珠的畫面

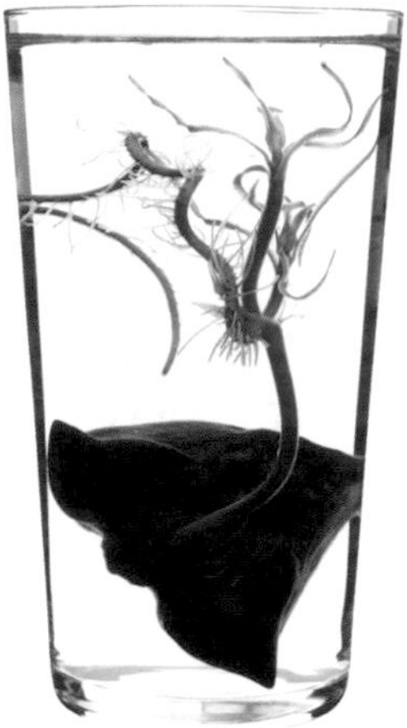

菱角

Trapa bicornis var. bispinosa

水生春播一年草／需日照
被作為食材販售的「丘角菱果實」。將皮剝除後，與野慈姑相同方式，浸漬於水中，終於在春天發芽。需種植於室外

野慈姑

Sagittaria trifolia ' Caerulear'

水生多年生草本植物／需日照／耐寒性佳
使用被作為過年食材銷售的野慈姑。立刻浸於水中的話，春天即可發芽。可與室外的睡蓮盆栽等一同栽培

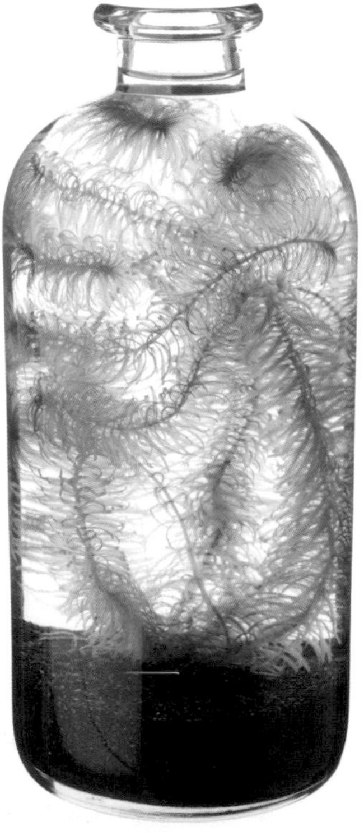

細葉水蘊草

Egeria najas

水生多年草／需日照~明亮日陰處／5°C左右
與水蘊草（蜈蚣草）屬同類。需種植於水中，只有花朵會於水面上綻開

香蕉草

Nymphoides aquatic

水生多年草／需日照／耐寒性佳
看似香蕉果實的部分是被稱為殖芽的特殊芽集合體。每一芽都是獨立個體，能夠長成單株

水草的天敵為藻類。特別是深綠色的藍綠藻最為棘手。為避免藻類生成，除勤於換水外，每1~2週添加極少量1：1000比例稀釋的液態肥料於水中也有幫助

Column

尋找「愛心」

魚腥草的學名為Houttuynia cordata，cordata又有著「心型」的含意，藉此詮釋愛心形狀的葉片。明明是還有其他許多特徵的植物，對於以葉片形狀來命名感到相當有趣。想必是因為愛心形狀讓人留下深刻的印象。讓我們來找找看藏在植物中的愛心吧！

大西洋常春藤「Sark」

Hedera Hibernica 'Sark'

常綠蔓性木本植物／需日照（避免直射盛夏的陽光）~明亮日陰處／耐寒性佳

有著心型葉片的常春藤。圖片中的葉片因寒冷緣故而帶點顏色

桉樹

Eucalyptus sp.

常綠喬木／需日照／-5˚C左右（依品種不同而異）

有數品種的桉樹葉片呈現心型，多被稱為心型葉桉樹

草莓

Fragaria x ananassa

多年草／需日照／耐寒性佳

有部分的草莓或番茄品種能夠較容易種出心型的果實。

黃毛掌

Opuntia microdasys

仙人掌／需日照／0˚C左右

此屬一種稱為黃烏帽子的扇形仙人掌變種品。波浪狀的莖節為最大特色。有時也會生長成愛心形狀

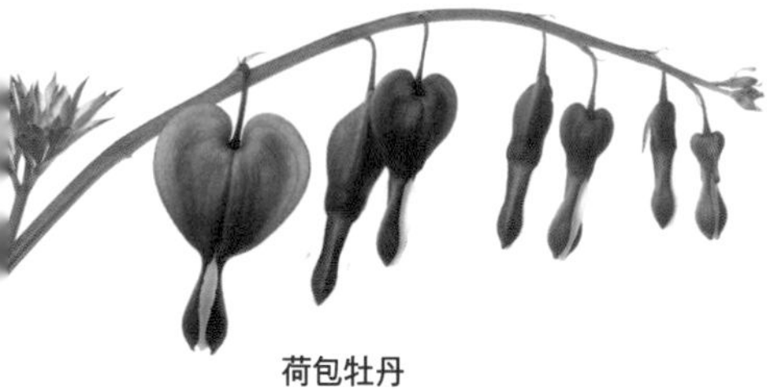

荷包牡丹

Lamprocapnos spectabilis

多年草／需日照（避免直射盛夏的陽光）~明亮日陰處／耐寒性佳

日本名的由來是因其花朵狀似華鬘（佛堂的裝飾品）。 英文名為Bleeding Heart（流血心臟）

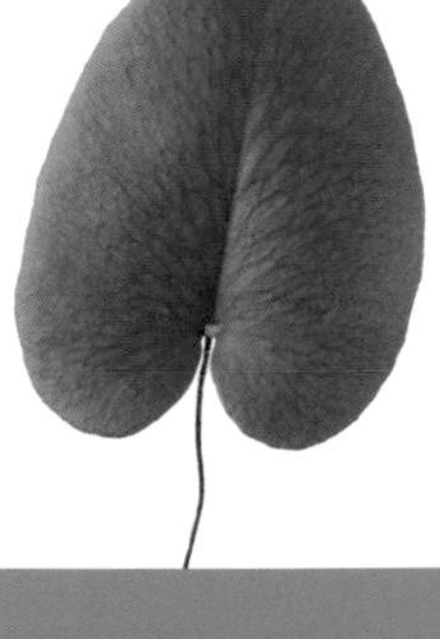

澤瀉蕨（心葉蕨）

Hemionitis arifolia

可透過葉片扦插生長。將葉片凹陷的部分進行扦插，即可長出子株。極度需要水分的植物，因此需特別注意補水

仙客來

Cyclamen persicum

多年草／明亮日陰處／7˚C左右

仙客來的葉片呈現心型。依品種其模樣有所差異，但葉片比花朵更有自我風格

酸漿

Physalis alkekengi var. franchetii

多年草／需日照／耐寒性佳

包覆著果實的大片花萼被昆蟲啃食，或因受風雨而只剩下萼紋

心葉毬蘭

Hoya kerrii

蔓性多年草／需日照（避免直射盛夏的陽光）／13˚C左右

葉片前端呈現內凹的心型。僅有市售葉片扦插的盆植不會繼續生長，因此建議選擇含蔓的整株植物

勿忘草

Myosotis scorpioides

多年草／需日照（避免直射盛夏的陽光）／耐寒性佳

像紫萁一樣，2支捲曲的花序同時開啟開花時，其形狀如同愛心

雪花蓮

Galanthus sp.

秋植球根植物／需日照／耐寒性佳

常見的品種主要為Galanthus elwesii名稱種。但可能因混有其他品種或變種，花樣變異相當多元。圖片中的花朵即呈現漂亮的心型

翡翠木「Gollum」

Crassula ovata 'Gollum'

多肉植物／需日照／5˚C左右

葉片前端呈現內凹狀，看似動物耳型。有時長出的葉片如圖片般的心型

PART 4

享受花朵與果實

平時只要去到花店或園藝用品店，就可輕鬆購得朵朵鮮花及開花程度相同的花苗。像這樣購買花朵當然沒有什麼不好，但若是自己親自栽種，看著植物開花時，那份感激卻是更加深刻。從發芽到長成花苞，開花前的每一階段，植物都會以令人驚豔的姿態展現。

秋水仙「Harlekijn」

Colchicum 'Harlekijn'

球根植物／需日照／耐寒性佳

為秋天開花的秋水仙園藝品種。秋天開花的秋水仙無需刻意栽種，只要放置著就能開花。開花後馬上種植的話，不久即會長出葉片，生長在秋至春季

等待花朵

大家一定都知道，花朵是植物（種子植物）的生殖器官，是雄蕊製造的花粉與雌蕊相見歡的地點。

有些植物是屬於將雄蕊所製造的花粉傳到同株雌蕊上的「自花授粉」，自花授粉弊多於利，多數花朵都有著避免自花授粉的結構。舉例自花授粉的缺點，像是不利生存的特徵容易凸顯出來、以及生長的花朵特徵相似。特徵相似即表示弱點也相同，當環境大幅改變之際，會有著受到同一原因遭受危害的可能性。

若是接收來自其他株花朵所提供花粉的「異花授粉」，不利生存的特徵較不易明顯，生長的花朵特徵也會有所差異，相對生存的機率較高。但要讓異花授粉成功，花粉就必須順利地抵達別株花朵上。但花粉無法自行移動，只能仰賴外力協助。搬運花粉多為鳥類、昆蟲、風等，鳥類及昆蟲為了採食花蜜及花粉，流連於花叢間，透過身體沾附花粉進行搬運。

需仰賴鳥類及昆蟲的花朵當然是越引人注目越好。引人目光花朵的植物，其花粉就越容易散佈，因而更能開出許許多多的花朵。因此，花朵朝著顏色越來越繽紛、花香越來越濃郁的特質演化。對鳥類及昆蟲而言，或許是以花色及香味刺激食慾。

身為人類並非花粉的媒介，花朵的色澤及香味也並非為人類而展現。那為何花朵不僅僅吸引鳥類及昆蟲，也深深地吸引著人類呢？我努力地想了又想，仍未得到確切的答案。推測是因為鮮豔的色澤、大自然所創造的形狀、充滿生命力等特質都是吸引著人類的關鍵吧！即便這是人類與生俱來的特質，但開始對花朵感興趣的緣由，卻有著不同的原因。各位是否還記得為何會喜歡上花朵呢？

雖然從以前就喜歡植物，但起初有興趣的，是葉片而非花朵。初期都是栽培仙人掌、多肉植物、觀葉植物等。可能是天生怕冬季的寒冷及寂寥風景的關係（也不是說住在非常非常寒冷的地方），不知不覺地開始注意起可以預告春天到來的花朵，如山茶花、梅花、風信子、雪花蓮等等花朵。正因度過了沒有花朵、等待花朵的季節，而開始對花朵產生無比的興趣。

愛上花朵後，首先自己種植了山茶花。想像著山茶花樹會長出怎樣花朵、第一次看到花苞、等待花苞綻開的時刻。現在回想起來，就是那時開始覺得栽培花朵也不錯呢！到現在仍認為，若沒有等待花開的時間，花朵的意義就減半了。

本章將介紹兩種從種子開始栽培的植物。一種為任何人皆能輕鬆種植，幾個月後即可欣賞開花的牽牛花。另一種則是難度較高，等到開花期需要一點時間的蓮花。雖然等待開花的時間比較長，但絕對能感受到靜待開花時，那份特別的成就感。

牽牛花觀察日記

牽牛花應是奈良時代，自中國傳到日本。起初被作為藥用植物使用，但在之後不久即被栽培作為觀葉植物。《源氏物語》的〈野分〉帖中，描繪颱風過後，修剪著攀附於圍籬上的牽牛花情境。那牽牛花是明石姬（光源氏的戀人之一）用心栽培，應是作為觀賞用而非藥用。實際上，牽牛花也被認為是作為觀賞用栽培。

若目前日本所見的是當時的牽牛花後代，那麼牽牛花已延續傳承了千年之久。我們的先祖每年都播種牽牛花，用心栽培讓其得以延續至今。

牽牛花觀察日記

種植名為「紅千鳥」的小型品種，紀錄下從播種到開花結果的過程

利用鉗子將種子圓弧處（箭頭指向處）稍稍剪開，浸水5~6小時後播種（若購買市售種子，有些已經處理完畢）

將種子撒於播種用土上。覆土約1cm

第5天
開出漂亮的雙葉。從中選出葉色、形狀良好者，以盡量不切斷根為前提，小心地挖掘移盆

第7天
移盆完成。用土選用含肥的「花與蔬菜用培養土」移盆1週後，開始每週施予1：1000比例稀釋的液態肥料

第23天
長出了7~8枚葉片，紮根情況良好，是定植的最佳時機

現在，牽牛花仍被作為盆栽或花園植物，深受許多人喜愛。是能和春天的櫻花相提，無論在什麼時代都不會落伍的花朵之一。

牽牛花有著許多魅力，但最重要的，應是能讓人感受季節變化這點。鮮明的藍色或紅色是能讓人真實感受到日本夏天氛圍。在短期間內開花凋謝，又日日開出新花朵的一日花特色也是迎合了我們的審美觀。

當然，容易栽培也是魅力之一。讓人想起小學暑假時期，記憶裡懷念的花朵。今年夏天，不妨抱著「大人的隨性研究」心情，重新栽培看看這充滿回憶的花朵。

牽牛花

Ipomoea nil

一年草／需日照／種植時期

5月中~下旬

將根部連土整株拔起，移盆至新容器中

第26天

藤蔓開始歪斜生長。是追加攀附支架的最佳時機

第23天

完成定植。栽培於盆栽中等待開花。由於選用了小型品種，使用的盆器也偏小。若是種植大型牽牛花，建議使用7號盆栽。屆時攀附支架會插在盆栽中央，讓花苗繞著盆栽周圍生長。定植1週後，開始每週施予1：1000比例稀釋的液態肥料

支架製作方式

選用粗約2mm的鍍鋅鐵絲或不鏽鋼絲。長度為支架3倍左右。將鐵絲逆時針卷附於圓筒狀物（如盆栽等）3圈半左右，拉開金屬線，調成形狀為上窄下寬的圓錐狀。將金屬線頭尾各凹折1cm左右，插入支架小洞中，可完成

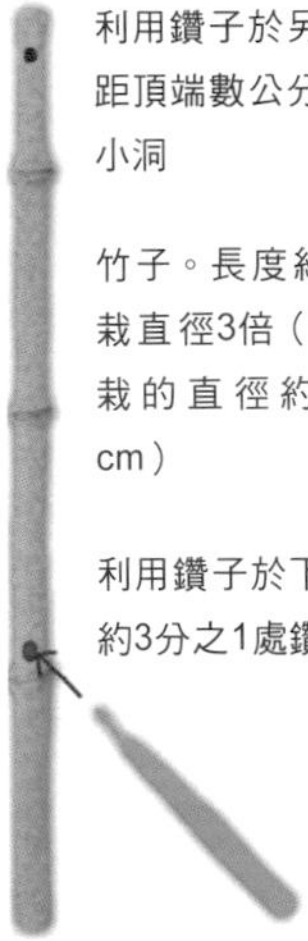

利用鑽子於另一面距頂端數公分處鑽小洞

竹子。長度約為盆栽直徑3倍（7號盆栽的直徑約為60 cm）

利用鑽子於下至上約3分之1處鑽小洞

同第26天　追加攀附支架。用金屬線將藤蔓卷附於支架，需注意別彎折到藤蔓。固定方式為從藤蔓末端看起的逆時針方向

第41天　終於，明早可開出第一朵花

第34天　長出花苞

若藤蔓長超出支柱頂端，
則將其剪斷

第104天　全數開花完畢。
開始長出種子，從褐色成
熟物中取出種子

第63天　牽牛花會由下至上依序開花。
但紅千鳥是同一處會結出多個花苞的品
種，因此至頂端依序開花後，會再從下
方重新開花

第42天　順利綻開第一朵
牽牛花

拍攝結束

拍攝開始

牽牛花的藤蔓運動

此為每3分鐘拍攝、合成24張圖片的結果。由此可看出，以藤蔓末端看起，會呈現逆時針方向。透過這樣的運動尋找可以攀附的支架

將採集的種子充分乾燥後
放入紙袋中。並保存於通
風良好處至明年春天

從種子開始培育蓮花

有名的大賀蓮是從2000年前的種子所培育而生的古代品種。其種子是1951年，於日本千葉縣的一處遺跡中所發掘，而植物學家大賀一郎博士嘗試播種，進而發芽，並於隔年開出花朵。

種子能夠幸運存活，除了被保存在溫度較低的地層外，還因與外界空氣隔絕之故。蓮花種子被一層硬殼（種皮）包覆，這或許也是有利的保護。一般而言，蓮花的種子壽命偏長，也聽聞其他有許多數百年前的種子開花的案例。等待發芽的時機到來，也被形容為像是時空膠囊一樣的種子。

要不要試試利用乾燥蓮子，挑戰播種看看呢？蓮花可是曾經潛伏2000年之久的種子，即使是稍有年代的種子，也可能發芽。實生蓮花若速度快的話，今年播種，明年就會開花。

帶有蓮子的乾燥蓮蓬。將蓮子取出

蓮子外殼堅硬，較難直接吸水，因此建議將外殼進行些微破壞。將較鈍一端以銼刀銼開

銼開程度如圖片所示。注意不可過度造成銼傷。完成後，將其浸漬水中等待發芽

第1天

因高溫之故，馬上就發芽了。若氣溫較低，需數天才會發芽。水變混濁時，要記得更換

第7天

第5天

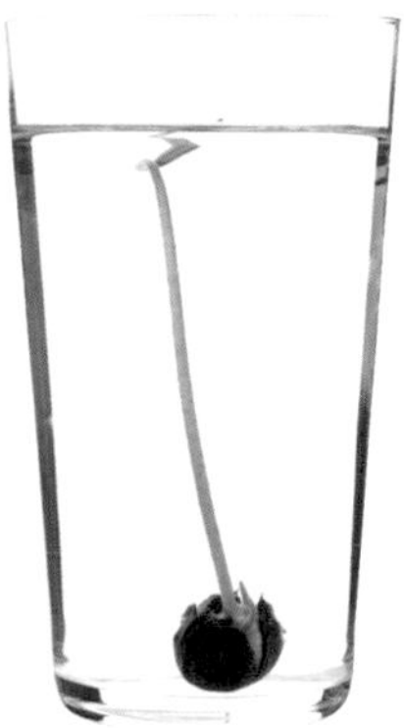

第3天

第13天（適合定植時期）

第10天

蓮花

Nelumbo nucifera

多年草／需日照／2˚C左右／種植時期 4~5月

小型品種的蓮花。可栽培於直徑約30cm的容器中。若從這般大小的蓮花採集種子栽培，或許能長出小型蓮花

定植方法

栽培容器　使用睡蓮缽或水桶。置入用土、進行栽種，充分澆水進行培育。

用土　市售「水生植物用培養土」或混有3成赤玉土的腐葉土。

肥料　栽種1~2週後，於用土中埋入緩效性複合肥料。其後，只需於生長期間，施予相同肥料作為追肥。

定植後的照料　冬季雖然葉片會枯萎，但仍需記得澆水。3~4月實，需更換成新的用土。一般品種的蓮花，至少需要直徑40cm以上的容器。

含香花朵

花香吸引動物搬運花粉、果香吸引動物散佈種子。

但植物所綻放的香氣功能不僅僅於此。好比說有某種植物，在受到葉蹣蟲害時，會散發出特殊的氣味，而這個氣味會吸引葉蹣的天敵蟲類前來。將其比喻作人類的話，就是植物發出求救信號，呼叫「敵人的敵人」也就是盟友前來相助擊退害蟲。

植物的香味也是和其他物種溝通的管道，換而言之，即是植物語言。其中蘊含著某種的信息。

梔子花

Gardenia jasminoides

常綠灌木／需日照（避免直射盛夏的陽光）／ -5˚C左右

與春天的瑞香、秋天的丹桂齊名，盛開於梅雨季節的梔子花是花香濃郁的花木代表。花瓣洗淨後可料理成醃漬三杯醋（食用醋、醬油、味醂調和而成的醬料）

狹葉薰衣草

Lavandula angustifolia

常綠灌木／需日照／耐寒性佳

帶有清雅香味，為大眾熟悉的香草。缺點為不耐高溫潮濕，混種的Lavandin品種較容易撐過夏季

香水草

Heliotropium arborescens

常綠灌木／需日照（避免直射盛夏的陽光）／ 5˚C左右

被作為香水原料的花朵。可能是香氣帶甜味的聯想，其英文名為cherry-pie（櫻桃派）

山茶花「香紫」

Camellia japonica 'koshi'

常綠喬木／需日照~明亮日陰處／耐寒性強

雖然山茶花被說花朵，但本身卻是沒有香氣，唯「香紫」品種帶有如佛手柑（伯爵紅茶的香料）的香味

香莢蘭

Vanilla planifolia

蘭科／明亮日陰處／15˚C左右

原生種或帶斑的園藝品種被作為觀葉植物流通於市面。天然香料的香草是香莢蘭的果實發酵後的成品

夜來香

Telosma cordata

常綠蔓性木本植物／需日照／10˚C左右

有時茄科的夜木香會被誤認為夜來香，但圖片中為夾竹桃科（舊蘿藦亞科）的正版夜來香。會散發出濃郁的香氣

番紅花

Crocus sativus

秋植球根植物／需日照／耐寒性強

紅色的雌蕊被作為馬賽魚湯（bouillabaisse）等料理在入色、添加香氣使用。球根無需種植，放置即可開花（圖片中為水栽培）

依蘭

Cananga odorata

常綠喬木／需日照／10˚C左右

最常被作為香水原料的花種之一。市面上可常見售有小型變種品

茉莉花

Jasminum sambac

常綠灌木／需日照／3˚C左右

為茉莉花茶香的來源。將茶葉與茉莉花朵混和，靜置後挑出花朵，重複此作業多次，使茶葉附著花香

夜晚盛開的白色花朵

看著花型，就可以想像花粉運送的情況。

舉例來說，馬達加斯加自然生長著一種名叫大慧星蘭的蘭花，有著長達30公分左右的花距。生物學家查爾斯・達爾文（Charles Darwin）曾如此預言，「一定有著跟這花距一樣長喙的蛾類」，不久之後，就發現了天蛾品種，因而流傳至今。

長長的花距選擇了能夠確實協助運送花粉的蛾擔任此種要角色。由於有些昆蟲不運送花粉，只盜取吸食花蜜，因此長花距就是為了杜絕這類昆蟲所生。

本章介紹的是夜晚開 花、或夜晚

稜葉風蘭

Angraecum leonis

附生蘭／明亮日陰處／10°C左右

與大慧星蘭同屬的蘭種。有著S狀的長花距。會於日夜開花，但一到夜晚，花香會變強烈

短毛丸

Echinopsis eyriesii

仙人掌／需日照／-3°C左右

夜晚開花，花期只有一天的一日花。會釋放出非常強烈的香氣

麝香百合

Lilium longiflorum

球根植物／需日照／耐寒性佳

花朵日夜皆會盛開，但一到夜晚，花香會變得特別強烈

釋放出強烈香氣，被稱之為「夜晚花朵」的花種。其中多數的花種都具備長長的花首或花距，不禁讓人聯想是為了讓具備長喙、夜行性的生物，也就是蛾類能協助搬運花粉而生。

多數的夜晚花朵，都是白色或偏白色。這是為了讓月光照射後更加顯目。多數也會散發出強烈花香，都是為了在夜晚強調自我的存在。

＊部分花朵具備向後延伸、如尾巴狀的器官。其內部藏有花蜜。

曇花（月下美人）

Epiphyllum oxypetalum

仙人掌／需日照（避免直射盛夏的陽光）~明亮日陰處／3°C左右

夜晚開花，花期只有一天的一日花。由蝙蝠負責搬運花粉

王瓜

Trichosanthes cucumeroides

蔓性多年草／需日照／耐寒性佳

夜晚開花，花期只有一天的一日花。有著纖細線狀裝飾的花朵，在微弱的亮光下也相當顯眼

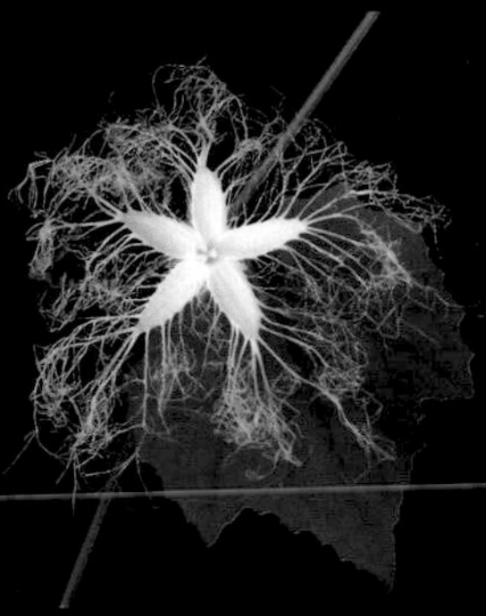

月見草

Oenothera tetraptera

春、秋播二年草／需日照／耐寒性佳

待宵草等品種也會被稱為「月見草」，但圖片中的植物為貨真價實的月見草。

夜晚開花，花期只有一天的一日花

毛曼陀羅

Datura wrightii

多年草／需日照

生長於空地等處的歸化植物。具毒性。從傍晚開始開花的一日花

朱纓花（白色品種）

Calliandra portoricensis

常綠喬木／需日照／-3°C左右

到了傍晚葉片就會關閉，換花朵盛開。

黑色花朵

引人注目的花色能吸引昆蟲等協助搬運花粉。不過人類與昆蟲視覺上所看到的光線波長不同，因此人類所認為的注目花色，不見得昆蟲也是如此認為。但不易讓光反射的黑色花朵相當弱勢，在自然界屬於少數派。

黑色花朵總帶著神秘感，和藍色花朵一樣，皆屬令人嚮往的花色。所以人們透過選拔或交配，培育出各式黑色的花朵。

多數的「黑色花朵」都是透過人工培育所產生。所謂的黑，多為深濃的暗紅色或暗紫色，很可惜的，真正如墨般的黑色花朵至今仍未交配出來。

巧克力秋英（交配種）

Cosmos cv.

多年草／需日照／3˚C左右

此屬天然的黑色花朵。不僅花色呈現巧克力，連花香都帶有巧克力香味。圖片為與其他種別交配後的品種

玫瑰「黑巴克」

Rose 'Black Baccara(Meidebenne)'

落葉灌木／需日照／耐寒性佳

黑玫瑰含有大量花青素。此外，花瓣的表皮細胞細小密集，因此能夠呈現細影效果，讓花朵看起來很像黑色

黑百合

Fritillaria camschatcensis

球根植物／需日照（休眠中的夏季需放置於涼快處）／耐寒性佳

實際存在於自然界的黑色花朵植物。花朵有著被比喻成臭抹布的異味，透過蒼蠅搬運花粉

黑色鬱金香「夜后」

Tulipa gesneriana'Queen of Night'

多黑色鬱金香中，另有「Black Parrot」及「Black Hero」等品種

風信子「Midnight Mystic」

Hyacinthus orientalis 'Midnight Mystic'

秋植球根植物／需日照／耐寒性佳

黑色風信子中，另有「Dark Dimension」品種

聖誕玫瑰（交配種）

Helleborus cvs.

多年草／需日照（避免直射盛夏的陽光）／耐寒性佳

其中有「Helleborus hybridus」等黑色花朵的品種

康乃馨

Dianthus caryophyllus

康乃馨中，也有與黑玫瑰同名的黑花品種，也稱為「Black Baccara」

大理花

Dahlia cv.

有「黑蝶」、「黑貓」(black cat)等黑色花朵的品種

利用盆器栽種的迷你果實

若將一般的果樹種植於小盆器中，有時會發生樹葉或果實過大，而導致失去平衡、不易開花結果等事與願違的結果。本章將介紹利用小型盆器，即可順利栽培，且能夠結出果實的小型植物。

冬綠樹

Gaultheria procumbens

常綠灌木／需日照（避免直射盛夏的陽光）／耐寒性佳

嚴冬時樹葉會呈現銅色。切開果實，會散發出痠痛貼布（甲基水楊酸）的香味

義大利橘子

Citrus myrtifolia

常綠灌木／需日照／-5°C左右

別名又為「Myrtle-leaved orange」或「Chinotto」。葉片與果實皆迷你小巧，相當適合盆栽種植。果實會被利用製成果汁，但日本主要作為觀賞用

假葉樹「Christmas Berry」

Ruscus aculeatus 'Christmas Berry'

常綠灌木／需日照~明亮日陰處／-5°C左右

狀似葉片的部分為葉狀枝。果實會於葉狀枝上長出，因此看起來像是葉片托著果實般。一般的假葉樹為雌雄異株，但也有像圖片中1顆樹株就能結果的園藝品種

菱葉柿（老鴨柿）

Diospyros rhombifolia

落葉灌木／需日照／耐寒性佳

日本名同為「老鴨柿」。觀賞用柿子。大部分的樹種果實都呈現細長狀，但也有如圖片裡圓形果實「楊貴妃」品種。屬雌雄異株種

石榴「Alhambra」

Punica granatum 'Alhambra'

落葉灌木／需日照／耐寒性佳
屬於安石榴類別。樹長較矮，開花季節為春~秋季。會結出直徑數公分的小巧果實

水梔子

Gardenia jasminoides var. radicans

常綠灌木／需日照(避免直射盛夏的陽光)／-5˚C左右
屬梔子花的變異種，體積偏小。水梔子本身也有著眾多的園藝品種，圖片中的單瓣花品種則是會結出果實

紫金牛

Ardisia japonica

常綠灌木／明亮日陰處／耐寒性佳
與會結出紅色果實的大型萬兩金、千兩金相比，圖中品種被稱為「十兩金」

狗薔薇

Ardisia japonica

落葉灌木／需日照／耐寒性佳
屬原生種薔薇。果實是玫瑰果茶的原料之一。開出的花朵為單瓣花，偏白色~粉紅色

沿階草（龍鬚草）

Ophiopogon japonicus

多年草／明亮日陰處／耐寒性佳
沿階草的果實呈現群青色，彷彿寶石中的青金石。沿階草有著數種園藝品種，圖片中為白斑細葉品種

Column

種植植物的訣竅……

本章下了一個非常醒目的標題，其實並沒有什麼特殊的種植訣竅。不外乎就是選用合適的用土，適量的澆水、陽光及肥料進行栽培即可。

栽培植物時，「澆太多水」被視為最容易造成失敗的原因，因此許多人都不太敢澆水。只要盆栽底盤沒有殘留水分，植物繁盛生長的時期根本無需過度擔心是否施予太多水分。

請閱讀第10頁「番茄的水耕栽培」，栽培時需將根部浸於培養液中，某種程度而言此舉也屬於「過度施予水分」的行為，但番茄仍是生長良好。若將全部的根部進入培養液體中，根部無法呼吸，因此培養液需維持在低水位，這樣不但能讓根部上半部接觸空氣呼吸，根部下半部浸於水中，也可供給番茄水分，能讓植物處於最佳生長環境。

換言之，注意別讓根部無法呼吸，以不使其完全乾涸的前提下施予水分，植物便能順利生長。一般的盆植或使用培養土的栽培基本概念皆相同。若是混和赤玉土及腐葉土而成的培養土，澆水後土顆粒間留有空氣，以一般的澆水方式可使植物生長良好（培養土中也有排水性不佳的土種，會讓植物根部無法呼吸，此種情況就需特別注意澆水的頻率）。

若排除溫室環境，一般，室內的日照量稍顯不足，要栽培植物會特別辛苦。但若氣溫條件適合，即便放置室外、不太給予照料，植物也能夠自行生長（偏好弱光的植物也是在屋外明亮日陰處生長較為良好）。當水分、光線充足後，肥料就該上場了。水分、光線、肥料對植物的生長而言缺一不可。

選用合適的用土，施予適量的水分、光線、肥料，筆者說得似乎很理所當然，但植物栽培世界裡，訣竅就是這3項元素。將於下一章更詳盡的介紹用土、澆水、放置地點及肥料等種植方法。

PART 5

栽培的基礎

本書中所介紹的植物數量多達200種以上。在有限的頁面中無法針對每一植物的種植方式詳盡說明。但只要掌握到基本概念，觀察生長狀況，調整為適合該植物生長的環境，相信大多數的植物都能生長良好。在此介紹多數植物皆通用的一般照料方法。

紫竹水竹草

Tradescantia fluminensis

多年草／需日照（避免直射盛夏的陽光）~明亮日陰處／3˚C左右

用土

本書以簡單、輕鬆園藝為主旨，種植的花花草草皆使用市售的「花與蔬菜用培養土」。至於其他植物也可選擇購買「觀葉植物用培養土」等專用土。但若是種植少數卻種類繁多的植物時，要選用所有專用培養土是有困難的。

針對花草、蔬菜以外的植物，建議利用單一用土自行混合成培養土來使用。本書中所使用到的培養土調配比例請參見第117頁。比例僅供參考，並無所謂的絕對。像筆者本身的觀葉植物用土，僅使用赤玉土的單一土種。栽培的觀葉植物生長良好，因不含有機物，就不會有長出黴菌或引來小飛蟲的問題。舉這樣的例子可能較為極端，只要充分考量栽培環境、澆水習慣及每一植物的特質，便可找出最適合自己栽培方式的培養土。

本書中所使用的主要用土

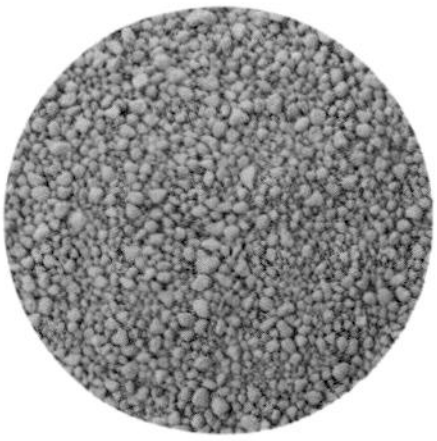

赤玉土（細粒）

若以「赤玉土、細粒」詢問店家找不到的話，可改問是否有「草皮用土」。可作為小顆種子播種用土、小型盆植用土使用

赤玉土

將結塊的赤土過篩，篩選出顆粒較大者即為赤玉土。盡量選擇質地較硬的土，推薦較少細粉末的赤玉土

鹿沼土

栃木縣鹿沼市附近所採集到的輕石風化物，為黃色酸性土。單一使用時，可拿來種植杜鵑花外，也很適合與各種培養土混合使用

腐葉土

闊葉樹經腐化、分解後所生成的土壤。雖不含肥料成分，但可作為改善透氣性、保水性的土壤改良材使用

輕石砂

略帶白色的多孔洞火山砂礫。小顆粒可與培養土搭配作使用，大顆粒則可作為盆器底鋪石。日向土及蝦夷砂也可以相同的方式運用

桐生砂

群馬縣桐生市附近所採集到的火山砂礫風化物。一般市售品大部分皆混有大小顆，可自行過篩後，水洗使用

水苔

生長於濕地的水苔乾燥後使用。具有極佳的保水性，常被作為附生植物的介質使用。使其充分洗水後，擰乾使用

發泡煉石

粒狀黏土經高溫鍛燒而成。常被作為水耕栽培的介質使用。本書中第10頁的番茄水耕栽培便是使用發泡煉石種植

水槽用底砂

鋪於水槽底部的用土。有砂礫、細砂、柔軟土等類型。本書使用如圖片中的柔軟土作為水草或玻璃容器盆栽種植使用

泥炭土

蘆葦等水邊植物堆積後，演變成含有纖維、具黏性的土壤。使用於將植物附著於岩石上或製作苔球使用（第83頁）

本書所使用到的培養土混合比例

水耕栽培（Hydroculture）／發泡煉石
花草、蔬菜（自耕時）／赤玉土7：腐葉土3　必要時利用白雲石灰作調整
播種用土／單一使用赤玉土
一般花木、觀葉植物、熱帶果樹等／赤玉土7：腐葉土3
盆栽（盆栽風格的小型盆植）／赤玉土8：桐生砂2
山野草／赤玉土4：鹿沼土3：桐生砂3
玻璃容器盆栽／使用赤玉土或水草用底砂
附生植物／單一使用水苔
仙人掌、多肉植物／赤玉土4：桐生砂2：輕石砂2：腐葉土2
水草／水草用底砂

＊赤玉土、桐生砂、輕石砂、鹿沼土皆選用小顆粒或細顆粒品
＊任一用土皆需過篩，除去細粉末後再做使用

盆器

盆器種類

馱溫盆

以1000°C左右燒製，僅上緣處施予釉藥的盆器。屬一般排水性，鎖水效果較素燒盆佳

素燒盆

以700°C左右燒製，未施予釉藥的盆器。排水性佳，用土乾燥速度快的特性既是優點也是缺點

釉藥盆

施予釉藥，經高溫燒製的盆器。有陶器、瓷器等種類，燒製溫度各不相同。排水性低，鎖水效果極佳的盆器

朱溫盆

以1000°C左右燒製，未施予釉藥的盆器。與馱溫盆相同，屬一般排水性，鎖水效果較素燒盆佳

其他還有赤陶土盆（與馱溫盆、朱溫盆同類型）、自然灰釉高溫燒製盆、塑膠盆等種類。本書以介紹容易乾燥的小型盆植與觀賞用植物為主，因此多半使用保水性高、盆形美的朱溫盆、釉藥盆或相同性質的盆器

本書中利用許多日式茶杯及無手把水杯等餐器於底部鑿洞後作為盆器使用。底部鑿洞可使用電鑽或陶器（或瓷器）專用鑽頭等器具。材質較軟的陶器在施加孔洞較為簡單，但若是材質堅硬的瓷製容器，作業上較會有困難，因此需充分確認材質

盆器號數

盆器的直徑多半會以「號數」來標記。1號=3cm，依序加乘，3號即為直徑9cm的盆器

盆器大小

盆器尺寸並不是越大越好。植物根部初期會以放射線延伸，接觸盆器內壁後會沿著生長。若突然更換為大尺寸盆器，根部會集中於四周圍，使得根缽中心處大部分空間缺乏根部生長。因此會造成根部無法有效地吸收水分及肥料。用土乾燥速度變慢，容易造成過濕。在移盆盆栽時，需循序漸進加大盆器尺寸，如此一來植物根部才能穩定擴伸。在根部延伸至廣泛範圍，自然能生長良好

肥料

第116~117頁所介紹的用土中，除了內含肥料的培養土外，幾乎不含有肥料成分。在進行栽培時，施肥是絕對必要的。

肥料分為油粕肥的有機肥料及化學肥的無機肥料。本書以保存難易度等角度著眼，因此僅選擇化學肥料（緩效性複合肥料及液態肥料）作使用。

首次施肥稱為基肥。基肥的施予方式如下兩種。一則為在用土中直接混入小顆粒緩效性複合肥料（下圖A）。另一則為於用土上放置大顆粒或錠劑的緩效性複合肥料（下圖B）。

為了補充肥料，其後視情況需要，再施肥稱之為追肥。追肥方法與基肥相同，有將緩效性複合肥料置於用土上（下圖B）以及施予液態肥料（下圖C）2種方法。

基肥施予方法

A

將小顆粒緩效性複合肥料事前混入用土中

基肥、追肥通用方法

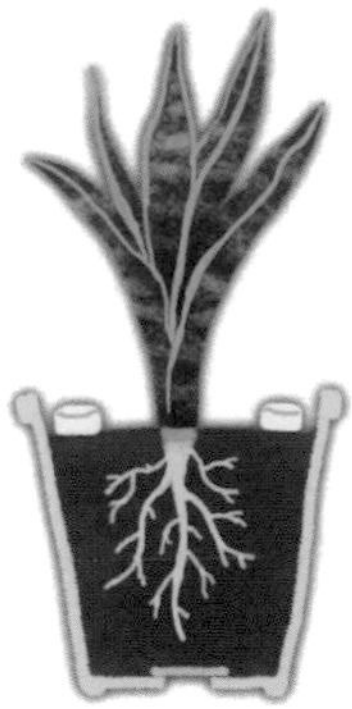

B

將大顆粒或錠劑的緩效性複合肥料放置於用土上（追肥的施予方法也相同）

追肥施予方法

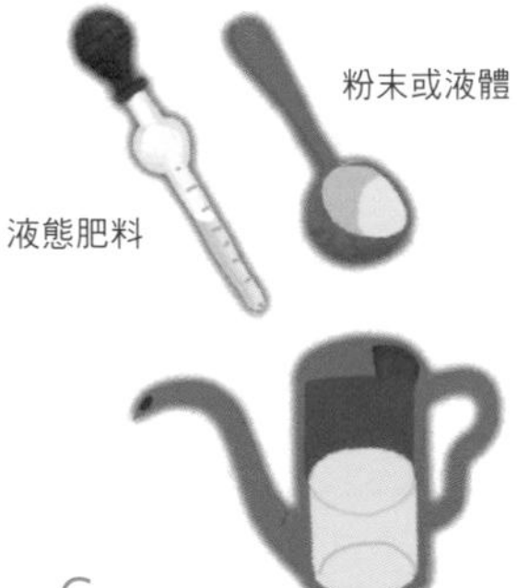

C

液態肥料產品有直接使用的液態肥料、需加水稀釋的濃縮液態肥料及加水溶解的粉末狀3種類型。除了直接使用的液態肥料外，其他需以附贈的量匙或附刻度滴管正確量取，稀釋後再使用

＊化學肥料基本上只需於植物生長期間施予

移盆

要替一年生草本植物或蔬菜苗移盆時，若根部為生長茂盛充分抓土的情況，建議將整株連同土壤取出後，換置大一號的盆器栽種。若根部生長狀態如結塊狀，建議輕輕撥鬆根部後再行移盆（植物特性不喜移盆者則省略此動作）。

若要移盆栽種多年的多年草本植物或木本植物時，些微破壞根缽，保留約3分之1的根部進行移盆。若要移盆到不同類種的用土或用土劣化嚴重時，可先將舊土敲落、清洗根部後再進行移盆作業（部分種類植物可能因此生長變差）。

為讓排水順暢，許多讀者會於盆器底部放入如輕石等「盆底石」。但若是以小於5號盆尺寸的盆器種植，筆者認為盆底石可有可無。特別是迷你盆器種植的觀葉植物或盆栽，放入盆底石後用土空間變少，乾燥速度過快反而不利栽培，需特別注意。

適合插枝時期　＊任何植物皆有例外。

●多年生草本植物／3～4月（夏、秋開花品種）、9～10月（春季開花品種）

●落葉樹／2～3月、11月左右　●常綠闊葉樹／4月左右、梅雨季節、9月左右

●針葉樹／3～4月　●觀葉植物、熱帶果樹／5～7月（梅雨季節為最合適期）

●仙人掌／3～5月、9～10月　●多肉植物（夏季型）／3～5月

●多肉植物（冬季型）／9～10月　●多肉植物（春秋季型）／3～5月、9～10月

放置地點

無論是何種植物，建議基本上皆視為需種植於室外。室內栽培困難最主要的理由，乃是日照量及日照時間不足（若像溫室一樣，能長時間日照的空間，那麼將不會有缺乏光線的情況）。

一般室內通風較不佳，植物容易發生病蟲害。大家認為室內較不會有蟲害問題，但像蚜蟲及介殼蟲都在不覺中繁殖，或空調較易乾燥的地點，也容易生成二點葉蟎。

有部分熱帶、亞熱帶觀葉植物其實無法於室外過冬。若遇到此種情況，建議僅冬季置於室內，春～秋季於屋外種植。需特別注意，喜好陽光的植物，若突然受到室外強烈陽光照射，葉片有可能會發生日灼傷的現象。起初先放置於屋外明亮日陰處，待數日後，植物習慣周圍環境，再移至明亮位置。

陽台種植需注意下述事項。在沒有遮蔽物的情況下放置盆栽，在夏日高溫照射下將會使植物受損，因此建議勿直接放置地板，可鋪上木層板、設置遮陽等防護措施。

我們常聽到「西曬有害」，但西曬的陽光並非最強，西曬本身也沒有危害。只是當受到盛夏午後陽光長時間照射，高溫會使得植物變弱。盛夏以外其他季節的西曬應不會造成任何問題。

澆水

一般植物澆水的訣竅為「乾涸的話，澆水讓水從盆底流出」、「底盤不積水」，絕非艱難之事。若仍覺得有難度，應該是如何判斷什麼叫做「乾涸」吧！

越來越多人知道「根部腐敗」，會避免澆水過多。若使用排水效果佳的用土，在茂盛生長期間，增加澆水頻率其實也不會發生什麼問題。部分的人在植物生長時期，還等到盆底乾涸才澆水，如此一來植物將無法健全生長。從用土表面乾涸程度判斷土壤中心的狀態，該於哪一時間點澆水，會依用土及植物種類、季節等條件有所調整。

種植以赤玉土為主要用土的觀葉植物時，夏季澆水需在用土表面開始呈現變白乾燥狀時進行。冬季放置於低溫處時，在土壤中心部分也乾涸的程度時再澆水即可。若要讓植物以最低溫度過冬，也有人盡可能不施予水分，讓植物以半休眠狀態過冬，但這些都屬非常態性作法。

用土及植物有各式各樣的種類。要精準抓出每一植物的澆水時間點有其難度。建議先以自我本身的澆水習慣為基準，若植物生長狀態不如預期時，再進行調整，如此一來也較容易找到適合自己的訣竅。

病蟲害

面對病蟲害，絕對是預防重於治療。通風不良、空氣過度乾燥的話，將容易長出蚜蟲或二點葉蟎。另外日照不足的條件將不利生長，也容易受到病蟲害侵襲。澆水及施肥過多或過少，也可能導致相同結果發生。所以第一步應該注意，如何規劃合適的環境，讓植物健康生長。

不過將環境整頓好，並非完全不會發生病蟲害。充分觀察一旦發生時就立刻施予對策。若一個不注意，部分小型蔬菜苗經過一個晚上，可能就會被夜盜蟲吃個精光。

當發現病蟲時，以物理的方式手抓也是相當有效果。遇到蚜蟲時，以強烈水柱沖洗；遇到介殼蟲時，用牙刷等工具刷落；遇到青蟲時，以衛生筷夾取去除等方法。在沖洗葉面後，可於葉面上噴灑水霧，對於二點葉蟎的預防也非常有效。若只是在陽台種植少數植物盆栽，遇到害蟲時，上述方法應即能夠發揮效果。

市面上售有多種治療病蟲害的農藥。因本書提到的植物品種眾多，相對會遇到的病蟲害種類也就較多，因此無法全部詳載。建議充分了解農藥適用何種植物，確認病名、病蟲名是否無誤後再行購買，並遵照規定的使用方法、次數施予農藥。

增生方法

插枝

將植物莖部或葉片等植物部位插入土壤等介質中，使其發根、發芽，培育出新植物株稱為插枝。可藉由插枝方式，栽培與母株同性質的無性繁殖。大部分的植物基本上都可無性繁殖，但也有不適用（或困難度較高）的植物

適合插枝時期

●多年草／4~6月
●落葉樹／2月下旬~3月、梅雨季節
●常綠闊葉樹／梅雨季節
●針葉樹／2~3月
●觀葉植物、熱帶植物／梅雨季節
●仙人掌、多肉植物／4~5月、9~10月

多數植物共通的插枝方法

若葉片較大，則可切除剩一半左右

切下約10cm長的莖部，除去下方的葉片，僅留下2~3枚葉片

以刀具將下部削尖（若是插枝山茶花，則建議切平即可，以利沉積）

＊草本植物或、龍血樹或常春藤等僅需插入水中就可輕易發根，但木本植物不適合插於水中栽培

＊多肉植物、仙人掌待切口充分乾燥後再進行插枝作業（也有例外的品種）。景天科的多肉植物中，有僅需利用一片葉片插枝就可發根、發芽的品種

插入赤玉土等不含肥料成分的乾淨用土中，持續澆水。待發根、開始生長後再施肥

播種

簡單彙整了一般植物共通的播種方法

播種方法

若是顆粒細小的種子，覆土以隱約可見種子的厚度。若是大顆種子，則覆土厚度約需為種子2~3倍深。若為好光性種子，於陽光下曝曬種子直至發芽。若為嫌光性種子，則不讓其曝曬於陽光下

播種用土

本書皆使用細粒或小顆粒的赤玉土。由於不含肥料，因此發芽後需施予肥料，或移盆至含肥的用土中

播種適當時期

●一年草、多年草／春、秋
●落葉樹／秋、或置於冰箱內保持濕潤，待春季播種
●針葉樹／春
●觀葉植物、熱帶果樹／6~8月

用語集

整理了本書中出現的「以為知道，卻出乎意外地不是很了解」的園藝、植物學相關用語。

● 一年草（一年生草本植物）

從種子開始生長，1年（365天）內即會開花、結果、最終枯萎的草本植物。分有春天從種子開始發芽，秋天開花結果的春播一年生草本及秋天從種子開始發芽，隔年春天開花結果的秋播一年生草本兩種類。由於秋播一年生草本以時間來計算跨越了兩個年度，因此也被稱為二年生草本植物。但本書中不將播一年生草本稱為二年生草本植物，本書所將經過約1~2年生長後開花、結果的植物稱之二年生草本植物。此外，即便是多年生草本植物種，但卻耐寒性不佳，無法在日本室外過冬的植物，也被視為春播一年生草本植物（非耐寒性一年生草本植物）來栽培。同樣也有耐旱性不佳，難以度過炎熱夏季，被作為秋播一年生草本種植的植物。

● 液態肥料

液體狀態的肥料。分有直接使用的液態肥、需加水稀釋的濃縮肥、以及加水溶解後使用的粉狀肥3種類型產品。插在用土中如藥瓶狀的「活力液」則建議與肥料分開定義。

● 羽狀複葉

葉身（葉片本體部分）長成2片以上的葉片稱之為複葉，其一片片的裂片稱為小葉。複葉上的小葉像是鳥類羽毛形狀者，稱為羽狀複葉。

● F1品種

將兩個相異的固定品種（特性代代相同未起變化的品種）進行交配後的雜交一代稱為F1品種。主要是用於一年生作物的用語。一般而言，F1品種生長旺盛，採收量多，生長也相當整齊。但若取F1品種所生出的種子進行栽培，長出的下一代特性將會與雜交一代有所差異。

● 園藝品種

具備明確特性能與原種或其他園藝品種進行區分，通過實生或插枝等方式增生的均一個群體。但園藝品種透過多次的實生或插枝繁殖後，仍需維持應有的特性。若是F1品種，其特性僅限雜交一代，但若透過相同的品種交配將能夠繁衍出同質品種，因此也歸類於園藝品種。雖然也有單獨被稱為「品種」二字，但以植物學分類階級的角度來看，這邊所言的「品種」（cultivar）與歸類於變種類型的「品種」（英：form）不同。

● 園藝名

會被冠上園藝名的大多為仙人掌或多肉植物，一般是以日文漢字命名的獨特名稱。雖然與和名（日文名稱）類似，但園藝名是植物愛好者、銷售業者命名進而廣為使用的名字。如「月下美人」等。

● 學名

世界共通的名稱。依照國際命名規定所取名，多為拉丁文或以拉丁語化的單字標記。種名為屬名+種小名（+命名者名）的呈現方式。

● 花序

指含有花朵的花梗整體或花的排列方式。

● 成活

插枝或移盆後的植物長出新根或根部糾結。

● 緩效性複合肥料
成分會緩慢釋放出的加工複合肥料。

● 寄生植物
寄生於其他植物上，吸取其水分及養分成長的植物種。其中區分有可自行進行光合作用，如槲寄生的半寄生植物，以及完全仰賴宿主（寄生的對象），如野菰的全寄生植物。

● 無性繁殖（Clone）
Clone原本的涵義為「小樹枝的集合體」。意指具備相同基因的生物團體。透過分株、插枝等方式增生的植物株即屬於無性繁殖。譬如說在各地所植栽的染吉野櫻皆為無性繁殖，透過從某一樹木進行接木的方式即可增生。

● 下垂種法
根部在上，枝幹在下的種植方法。

● 嫌光性種子
有著照射到陽光就會抑制發芽特性的種子。南瓜、黑種草、粉蝶花的種子皆屬此類特性。

● 好光性種子
有著照射到陽光就能夠促進發芽特性的種子。萵苣、矮牽牛、毛地黃、報春花的種子皆屬此類特性。

● 喬木
雖有多種定義，但本書將樹高超過2公尺以上的樹木歸類為喬木。一般而言，喬木的主幹相當清晰易區分。

● 雌雄異株
指雌花與雄花分別生長在不同株體的植物。如蘆筍、菠菜、桃葉珊瑚、王瓜等。

● 多年草（多年生草本植物）
不同於開花結果後就會枯死的一年生、二年生植物，能夠存活多年者稱為多年生植物。其中分為植物中年生長不枯萎的常綠植物及冬季暴露於泥土之上的部分枯萎、僅保留地下部分過冬的宿根草。但最近似乎有將大多數耐寒性佳（球根植物等除外）多年生植物皆稱為宿根草的趨勢。

● 短日照植物
在日照時間較短的季節發出花芽的植物。一般會於夏季結束～冬季開花。甘藷、波斯菊（原種）、蟹爪蘭皆屬此類。

● 附生植物
附著於樹木或岩石生長的植物。不同於寄生植物，附生植物僅有借棲行為，不會掠奪附著對象的水分及營養。鹿角蕨、石斛蘭皆屬此類。

● 長日照植物
在日照時間較長的季節發出花芽的植物。一般會於春～夏季開花。高麗菜、紫羅蘭、吊鐘花皆屬此類。

● 灌木
與喬木相同，灌木也有諸多定義。本書中將樹高低於2公尺的樹木歸類為灌木。一般而言，灌木會從靠近地面處叢生出複數枝幹。

● 根缽
在進行移盆時，根部與土壤緊密結合形成同盆器狀的根團。

● 覆土
播種時，覆蓋於種子上的土壤。

● 實生
指從種子開始栽培植物，或由種子而生的植物苗。從種子開始栽種又稱為「實生繁殖」。

● 日本名
指日文名稱。植物可能會依地區不同，有著各種不同的名稱。但某種程度的標準名稱即視為日本名。

後記

我家陽台所種植的高麗菜長出許多黃色小花，這個高麗菜就是書中提到利用菜芯再生的方式所長成的。去年9月開始種植，經過7個多月幾乎是每天觀察，還真是長時間的陪伴呢！這次沒有成功，但掌握到訣竅，明年再度挑戰，利用菜芯種出結球高麗菜。

要了解植物實際觀察非常重要，透過小小盆栽，讓我們接觸到許多過去未曾見過的植物。當自己找出植物的有趣特質（可能有些小題大作）時，會覺得彷彿窺見了這個世界的秘密。這當然不是足以讓世界改變的大發現，但卻是能讓每天生活更為精彩的經驗。

最後，要衷心感謝溪谷社的岡山泰史先生，以及與此書相關的所有人員。謝謝。

主要參考文獻

・朝日新聞社編『植物の世界』朝日新聞社 一九九七年
・岩崎寛・山本聡・権孝妊・渡邊幹夫「屋内空間における植物のストレス緩和効果に関する実験」『日本緑化工学会誌』Vol.32（2006）No.1 P247-249 日本緑化工学会 二〇〇六年
・岩月善之助編『日本の野生植物 コケ』平凡社 二〇〇一年
・大場秀章編著『植物分類表』アボック社 二〇一〇年
・白幡洋三郎『プラントハンター ヨーロッパの植物熱と日本』講談社 一九九四年
・塚本洋太郎編『園芸植物大事典 コンパクト版』小学館 一九九四年
・㈳日本インドア・グリーン協会編『熱帯花木と観葉植物図鑑』誠文堂新光社 一九九八年
・山崎美津夫・山田洋『世界の水草Ⅰ・Ⅱ・Ⅲ』ハロウ出版社 一九九四年
・米田芳秋『色分け花図鑑 朝顔』学習研究社 二〇〇六年
・米本仁巳『新特産シリーズ マンゴー 完熟果栽培の実際』農山漁村文化協会 二〇〇八年
・米本仁巳『熱帯果樹の栽培——完熟果をつくる・楽しむ28種——』農山漁村文化協会 二〇〇九年

PROFILE

榛原昭矢

手掌園藝家、同時為作家、編輯及攝影家。1963年生於日本千葉縣。喜歡動物及植物，從小就自然而然地開始栽種植物，在拜讀卡雷爾・恰佩克(Karel Capek)所著作的『園藝家的一年』後，開始嚮往成為園藝家。高中時期雖是加入生物同好會社團，也不知怎麼地，進入國學院大學文學院哲學系就讀、畢業。出社會後，尋找和植物有相關聯的工作，於是進了插花流派的財團擔任職員。從事編輯供流派會員閱讀的月刊雜誌，離開雜誌編輯工作後便獨立。在人生迷失途中，每一個轉捩點都有植物相助。園藝雖為自學而來，但曾經有過栽培經驗的植物多達數百種，説不定已有千種以上。過去致力於栽培的植物為仙人掌、多肉植物、觀葉植物、水草、苔蘚植物、常春藤、山茶花等。
個人網站「草木圖鑑」http://aquiya.skr.jp

TITLE

不失敗！超慵懶手掌園藝

STAFF

出版	瑞昇文化事業股份有限公司
作者	榛原昭矢
譯者	蔡婷朱
總編輯	郭湘齡
責任編輯	黃思婷
文字編輯	黃美玉　莊薇熙
美術編輯	謝彥如
排版	沈蔚庭
製版	昇昇興業股份有限公司
印刷	桂林彩色印刷股份有限公司
法律顧問	經兆國際法律事務所　黃沛聲律師
戶名	瑞昇文化事業股份有限公司
劃撥帳號	19598343
地址	新北市中和區景平路464巷2弄1-4號
電話	(02)2945-3191
傳真	(02)2945-3190
網址	www.rising-books.com.tw
Mail	resing@ms34.hinet.net
初版日期	2016年3月
定價	260元

ORIGINAL JAPANESE EDITION STAFF

デザイン	岡睦、郷田歩美（mocha design）
イラストレーション	善養寺ススム
編集	岡山泰史、田中幸子、香取建介、佐藤壮太

國家圖書館出版品預行編目資料

不失敗!超慵懶手掌園藝 / 榛原昭矢作；蔡婷朱譯. -- 初版. -- 新北市：瑞昇文化, 2016.02
96　面；14.8 x 21　公分
ISBN 978-986-401-082-0(平裝)

1.園藝學

435.11　　105001061